SAMMLUNG GÖSCHEN BAND 711

Theoretische Grundlagen zur Berechnung der Schaltgeräte

Von

Fritz Kesselring

Dritte Auflage

Mit 92 Abbildungen

Walter de Gruyter & Co.

vormals G. J. Göschen'sche Verlagshandlung · J. Guttentag, Verlagsbuchhandlung · Georg Reimer · Karl J. Trübner · Veit & Comp.

Berlin 1950

Archiv-Nr. 11 07 11

Druck von Walter de Gruyter & Co., Berlin W 35

Inhaltsverzeichnis

1. Kapitel. Der Schaltvorgang

2. Kapitel. Die elektrische Beanspruchung. Dielektrische Verluste

3. Kapitel. Die thermische Beanspruchung. Stromverdrängung

1. Kapitel

Der Schaltvorgang

Der Einschaltvorgang

Überblick. Bei elektrischen Stromkreisen beliebiger Art unterscheidet man im wesentlichen zwei Betriebszustände: 1. den stationären Zustand, bei dem sämtliche Größen entweder konstant oder rein periodisch mit der Zeit veränderlich sind, 2. den Ausgleichsvorgang, der auftritt bei Vornahme eines Schaltvorganges allgemeinster Art. Der Ausgleichsvorgang vermittelt den Übergang vom stationären Zustand a (Anfangszustand) des ursprünglichen Stromkreises zum stationären Zustand e (Endzustand) des durch den Schaltvorgang geänderten Stromkreises. Als Schaltvorgänge sind z. B. anzusehen: Einschalten, Ausschalten, Kurzschließen, Verändern eines Widerstandes, Ändern der Erregung einer Maschine, Entladen eines Kondensators usw. Die Apparate, welche zur willkürlichen Einleitung eines Schaltvorganges verwendet werden, nennt man allgemein Schaltgeräte. Sie werden unterteilt in die eigentlichen Schalter, die zum Schließen und Öffnen von Stromkreisen verwendet werden (z. B. Hebelschalter, Trennschalter, Leistungsschalter) und in Regelgeräte, die zur allmählichen Änderung einer Größe des Stromkreises dienen (z. B. Regelwiderstände, Anlasser, Zellenschalter u. dgl.).

Die genaue Kenntnis der elektrischen Schaltvorgänge bildet eine der wichtigsten Grundlagen für Konstruktion und Bau elektrischer Schaltgeräte.

Die Schaltfunktion. Um einen Schaltvorgang rechnerisch untersuchen zu können, müssen zunächst alle elektrischen Daten des Stromkreises im ursprünglichen Zustand a bekannt sein, d. h. es muß die Größe der treibenden EMK, der Widerstände, Induktivitäten und Kapazitäten sowie u. U. die Charakteristik der speisenden Maschinen usw. gegeben sein. Mit Hilfe der Grundgesetze der Elektrotechnik lassen sich dann im allgemeinen alle elektrischen Größen des Zustandes a

ermitteln. Wir nehmen nun an, daß zu einem gegebenen Zeitpunkt der Schaltvorgang einsetzt, z. B. indem ein Widerstand in einem Gleichstromkreis verändert wird (vgl. Abb. 1). Es ist klar, daß der Ablauf des ganzen Vorganges von der Art, wie der Widerstand verändert wird, abhängig ist. Man kann z. B. den Widerstand ganz langsam von seinem ursprünglichen Wert R_a auf einen kleineren Wert R_e abnehmen lassen. Der Widerstand hat sich dann in einer bestimmten Zeit um die Differenz $\Delta R = R_a - R_e$ verringert. Man kann jedoch diese Widerstandsänderung auch so vornehmen, daß man den Teilwiderstand ΔR plötzlich durch einen Draht überbrückt, so daß die Widerstandsänderung beinahe in unendlich kurzer Zeit vor sich geht. Während sich im ersten Falle der jeweilige Wert des Stromes mit Hilfe des Ohmschen Gesetzes mit im allgemeinen genügender Genauigkeit aus der treibenden *EMK* und dem jeweiligen Widerstandswert ermitteln läßt, trifft dies im zweiten Fall sicherlich nicht mehr zu, da durch die große Stromänderungsgeschwindigkeit eine zusätzliche Spannung an der Induktivität auftritt. Für die rechnerische Erfassung von Schaltvorgängen ist es daher notwendig, daß der zeitliche Verlauf der Schalthandlung entweder an Hand einer Kurve oder eines mathematischen Gesetzes definiert wird. Diese Vorschrift für die Vornahme des Schaltvorganges wird im folgenden als Schaltfunktion bezeichnet.

Ist die willkürliche Schalthandlung, z. B. das Ändern des Widerstandes, zum Abschluß gelangt, so stellen sich alle elektrischen Größen allmählich — theoretisch erst nach unendlich langer Zeit — auf die neuen Bedingungen ein; das System strebt dem neuen stationären Zustand e zu. Es ist meist verhältnismäßig einfach, die elektrischen Größen der beiden stationären Zustände a und e zu berechnen, während die Bestimmung des Überganges oft größere mathematische Schwierigkeiten verursacht.

Einschalten eines induktiven Gleichstromkreises (allgemeine Lösung). Zur Erläuterung der allgemeinen Gesichtspunkte soll ein Beispiel durchgerechnet werden. Der Stromkreis der Abb. 1 besteht aus einer Gleichstrommaschine mit der konstanten Klemmenspannung U, einem veränderlichen Widerstand $r(t)$ und einer konstanten Induktivität L. Bis zu dem Zeitpunkt $t = 0$ herrsche der stationäre Zustand a. Er ist gekennzeichnet durch $u = U =$ konst.; $r = R_a$; $L =$ konst. Der Widerstand r werde nun verändert, und zwar dadurch, daß das Gleitstück in Richtung des Pfeiles verschoben wird. Die Vorschrift für die Bewegung des Gleitstückes soll durch nachstehende Beziehung festgelegt werden:

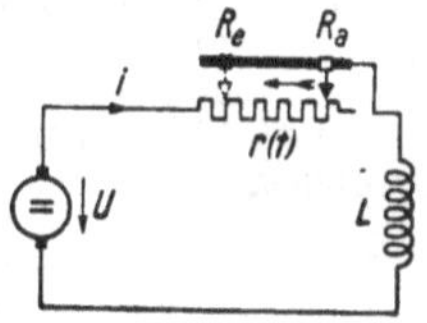

Abb. 1.

$$r(t) = R_e + (R_a - R_e)e^{-\frac{t}{T}} \tag{1}$$

Es ist dann für: $t = 0$: $r = R_a$
$t = \infty$: $r = R_e$

(1) stellt somit die Schaltfunktion dar; ihr Verlauf ist für einige Werte der Größe T durch die Kurven der Abb. 2 dargestellt. Daraus ist ersichtlich, daß der Widerstand von seinem ursprünglichen Wert R_a exponentiell auf den Wert R_e abnehmen soll, welch letzterer allerdings erst nach unendlich langer Zeit vollkommen erreicht wird[1]). Praktisch haben jedoch die letzten ganz geringen Änderungen von r keinen Einfluß mehr auf die Größe des Stromes i.

Wird in dem Anfangspunkt $r = R_a$ eine Tangente an die Kurve 1 gelegt, so trifft sie die Horizontale $r = R_e =$ konst. in dem Punkt P, dessen Abszisse den Wert $T_1 = 1$s hat. Die Widerstandsänderung für die Zeit $t = T$ beträgt $\frac{1}{e} = \frac{1}{2{,}71}$ der totalen Änderung $\Delta R = R_a - R_e$. Die Zeit T nennt man die Zeitkonstante einer Exponentialfunktion; sie wird bei den späteren Betrachtungen noch eine wichtige Rolle spielen.

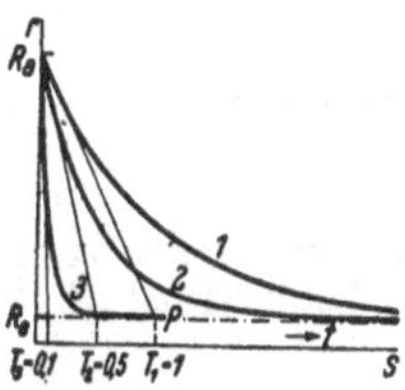

Abb. 2.

Aus Abb. 2 erkennt man, daß die Widerstandsänderung um so schneller erfolgt, je kleiner T ist. Bei der Kurve 3 erfolgt die Änderung des Widerstandes schon beinahe momentan.

Unsere Aufgabe besteht nun darin, den zeitlichen Verlauf des Stromes i zu

1) Diese zunächst etwas abstrakt anmutende Festlegung für die Widerstandsänderung hat für den weiteren Verlauf der Rechnung den Vorteil, daß r durch ein einziges Gesetz (1) für $t = 0 \cdots \infty$ festgelegt ist, was bei linearer Änderung nicht der Fall wäre.

bestimmen, wenn der Widerstand des Stromkreises von seinem ursprünglichen stationären Wert R_a gemäß der Schaltfunktion (1) auf den neuen stationären Wert R_e geändert wird. Die stationären Stromwerte I_a und I_e finden wir leicht aus dem Ohmschen Gesetz.

$$I_a = \frac{U}{R_a}; \quad I_e = \frac{U}{R_e} \tag{2}$$

Die Differentialgleichung des Stromkreises gemäß Abb. 1 lautet bekanntlich:

$$U = ri + L\frac{di}{dt} \tag{3}$$

Setzt man für r den Wert gemäß (1) ein, so erhält man:

$$L\frac{di}{dt} = U - \left[R_e + (R_a - R_e)e^{-\frac{t}{T}}\right] \cdot i = U - f(t) \cdot i \tag{4}$$

(4) sagt aus, daß die Änderungsgeschwindigkeit des Stromes $\frac{di}{dt}$ multipliziert mit der Induktivität L in jedem Augenblick t gleich sein muß der treibenden Spannung U, vermindert um den Ohmschen Abfall in dem Widerstand r. Die Lösung dieser Differentialgleichung ist nicht mehr ganz einfach, da der Koeffizient von i nicht konstant, sondern eine Funktion der Zeit t ist.

Um den Verlauf von i zu ermitteln, benutzen wir daher ein bereits von Euler angegebenes Näherungsverfahren. (4) läßt sich schreiben:

$$di = \frac{U - f(t) \cdot i}{L} \cdot dt, \tag{5}$$

wobei $f(t) = R_e + (R_a - R_e) \cdot e^{-\frac{t}{T}}$.

Geht man in (5) vom Differential auf eine endliche Differenz über, so ist

$$\Delta i = F(t, i)\Delta t \tag{6}$$

Bedeutet (t_a, i_a) ein die Anfangsbedingungen darstellendes Wertepaar, so berechnet sich die zu einer kleinen Zeitänderung Δt zugehörige Stromänderung zu:

$$\Delta i = F(t_a, i_a)\Delta t \quad \text{und} \tag{7}$$

$$t_1 = t_a + \Delta t; \; i_1 = i_a + \Delta i; \; \left(\frac{di}{dt}\right)_a = \frac{\Delta i}{\Delta t}$$

Ist wie in unserem Fall $F(t_a, i_a) = 0$, so heißt das, daß i zur Zeit t_a eine horizontale Tangente hat. Δi wird somit für die erste Stufe gleich Null. Durch Verkleinerung der Stufenzeit kann die Genauigkeit erhöht werden. U. U. ist es dann aber zweckmäßiger, das Verfahren von Runge anzuwenden.

Es gibt Fälle, bei denen das Eulersche Verfahren bei der numerischen Auswertung Schwierigkeiten bereitet. Deshalb sei noch kurz ein von G. Poppović angegebener Rechnungsgang angeführt. Er beruht darauf, daß man innerhalb einer Stufe den Widerstand konstant annimmt und gleich dem Endwert dieser Stufe, während man den Verlauf des Stromes nun aus der Differentialgleichung unter Zugrundelegung dieses konstanten Widerstandes bestimmt. Bedeuten die Indizes A und E den Anfang und das Ende je Stufe, dann erhält man nachstehende Beziehung:

$$i_E = \frac{U_E}{r_E} + \left(i_A - \frac{U_E}{r_E}\right) e^{-\frac{r_E}{L} \cdot t} \tag{7a}$$

Ist die Änderung der Spannung U in einer Stufe noch beträchtlich, so setzt man in (7a) mit Vorteil U_m statt U_E, wobei U_m den Wert in der Mitte der Stufe bedeuten soll.

Beispiel: Wir setzen für den Stromkreis der Abb. 1:

$$U = 100\,\text{V}; \quad R_a = 11\,\Omega; \quad R_e = 1\,\Omega;$$
$$\Delta R = R_a - R_e = 10\,\Omega; \quad L = 1\,\text{H}.$$

Für die Zeitkonstanten der Schaltfunktion nehmen wir der Reihe nach an:

$$T_1 = 1\,\text{s}; \quad T_2 = 0{,}5\,\text{s}; \quad T_3 = 0{,}1\,\text{s}$$

und erhalten so die drei Kurven 1, 2 und 3 der Abb. 3. Man erkennt, daß i mit einer horizontalen Tangente ansetzt, dann schneller anwächst, um sich schließlich dem Grenzwert I_e immer mehr zu nähern.

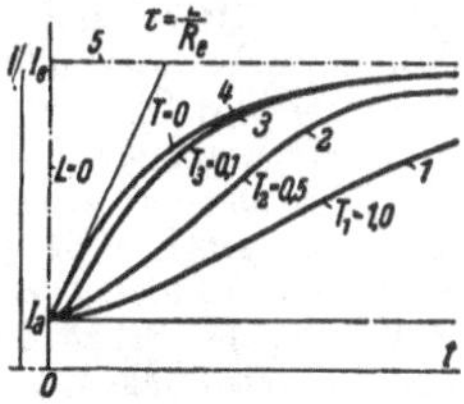

Abb. 3.

Um den Verlauf für $T = 0$ zu ermitteln, machen wir folgende Überlegung: Der Ausdruck $e^{-\frac{t}{T}}$ wird für um so kleinere Zeiten t verschwinden, je kleiner die Zeitkonstante T ist. Nehmen wir z. B. $T =$ 1/1000 s an, so hat der Ausdruck $e^{-\frac{t}{T}}$ nach 1/100 s nur noch den Wert $e^{-10} = 0{,}000045$, d. h. für Zeiten, die größer als 1/100 s sind, ist $(R_a - R_e) \cdot e^{-\frac{t}{T}}$ praktisch gleich Null. Läßt man in (4) die Zeitkonstante T immer weiter gegen Null streben, so kann das Exponentialglied auf der rechten Seite der Gleichung (4) schließlich für beliebig kleine Werte von t vernachlässigt werden, und es tritt dann an Stelle von (4) die nachstehende einfachere Beziehung:

$$L \frac{di}{dt} = U - R_e i \tag{8}$$

Daß dieser Grenzübergang $T \to 0$ zulässig ist, geht aus nachfolgender Überlegung hervor: Mathematisch läßt sich die Änderung des Stromes als eine Funktion der drei Größen i, t und T auffassen, also $\frac{di}{dt} = f(i, t, T)$. Einer der wichtigsten Sätze über gewöhnliche Differentialgleichungen sagt nun aus, daß — sofern die rechte Seite der Differentialgleichung eine stetige Funktion der drei Größen i, t, T ist — ihre Lösung, d. h. in unserem Fall der Strom i stetig von dem Parameter T abhängt. Mit anderen Worten: Der Strom geht beim Übergang zu $T = 0$ stetig in seinen Grenzverlauf über.

Der Grenzfall $T = 0$ heißt physikalisch nichts anderes, als daß der Widerstand, z. B. durch plötzliches Überbrücken, momentan von seinem Wert R_a auf den kleineren Wert R_e gebracht wird. Diese unstetige Art der Vornahme eines Schaltvorganges ist zwar physikalisch nicht streng zu verwirklichen, sie hat aber für die mathematische Behandlung den großen Vorteil, daß sich die zugehörige Differentialgleichung (8) infolge der konstanten Koeffizienten leicht lösen läßt. Soll ein Schaltvorgang nur in großen Zügen beschrieben werden, so kann man mit Gleichung (8) im allgemeinen genügend genau rechnen. Dies trifft nicht mehr zu, wenn der allererste Anfang des Schaltvorganges untersucht werden soll. Ein wichtiges Beispiel dieser Art stellt die Berechnung der Stirn von Wanderwellen dar. Die Form der Stirn ist in hohem Maße von der Schaltfunktion — in diesem Fall vom zeitlichen Verlauf des Funkenwiderstandes — abhängig.

Gleichung (8) läßt sich in einfacher Weise lösen. Ein partikuläres Integral ist durch (2) bereits gegeben; es ist dies der stationäre Wert des Stromes im Endzustand e. Dazu addiert sich der Ausgleichstrom i', den man erhält, wenn in (8) die treibende Spannung $U = 0$ gesetzt wird. Man findet für den Ausgleichstrom:

$$i' = Ke^{-\frac{R_e}{L}\cdot t} \tag{9}$$

Die allgemeine Lösung lautet somit:

$$i = I_e + i' \tag{10}$$

Zur Bestimmung der Integrationskonstanten K benutzen wir die Bedingung, daß zur Zeit $t = 0$ der Gesamtstrom i gemäß (10) gleich dem stationären Wert des Stromes vor Inangriffnahme des Schaltvorganges sein muß. Es ist somit $i = I_a = I_e + K$. Damit wird

$$K = I_a - I_e \tag{11}$$

und die allgemeine Lösung von (8) lautet daher:

$$i = I_e + (I_a - I_e) \cdot e^{-\frac{R_e}{L}\cdot t} \tag{12}$$

$\tau = \frac{L}{R_e}$ ist die Zeitkonstante des Stromkreises. Die Werte für I_a und I_e sind mit Hilfe von (2) zu ermitteln. Aus (12) geht hervor, daß i zur Zeit $t = 0$ den Wert I_a und zur Zeit $t = \infty$ den Wert I_e hat. Von I_a wächst i nach einer Exponentialfunktion auf I_e an.

Betrachten wir den Grenzfall, daß der Widerstand r bis zu dem Zeitpunkt $t = 0$ unendlich groß war, d. h. daß der Stromkreis zunächst unterbrochen war und dann plötzlich geschlossen wird, so hat man in (12) lediglich $I_a = 0$ zu setzen und erhält dann:

$$i = I_e\left(1 - e^{-\frac{R_e}{L}\cdot t}\right) \tag{13}$$

In Abb. 3 stellt Kurve 4 den Verlauf des Stromes i für die Annahme $T = 0$, d. h. gemäß Gleichung (12), dar. Man erkennt nun, daß mit abnehmendem T die Kurve 1 in 2 und dann über 3 schließlich in die Grenzkurve 4 für $T = 0$ stetig übergeht. Als äußerster Grenzfall ist noch strichpunktiert die Kurve 5 für die Voraussetzung, daß die Induktivität $L = 0$ sei, eingetragen. Die Änderung des Stromes erfolgt dann sprunghaft; dieser Grenzfall kommt jedoch nie vor, da jeder Stromkreis Induktivität aufweist.

Wird der Widerstand r, der [unächst einen Anfangswert R_a' habe, exponentiell auf den Endwert R_e' vergrößert, so lautet die Schaltfunktion:

$$r(t) = R_a' + (R_e' - R_a')\left(1 - e^{-\frac{t}{T}}\right) \tag{14}$$

Läßt man T wieder gegen Null gehen, so ergibt sich als wirksamer Widerstand: $r(t) = R'_e =$ konst. und damit für den Stromverlauf:

$$i = I'_e + (I'_a - I'_e)\, e^{-\frac{R'_e}{L} t}, \qquad (15)$$

wobei $I'_a = \frac{U}{R'_a}$ und $I'_e = \frac{U}{R'_e}$.

In (15) ist zu beachten, daß R_e im allgemeinen größer ist als R_e in (12), was zur Folge hat, daß die Stromänderung relativ schneller erfolgt als beim Einschaltvorgang. Bei allmählicher Vergrößerung des Widerstandes gemäß (14) weichen die Kurven für i in analoger Weise vom Grenzverlauf (15) ab. Die typischen Schwierigkeiten, wenn die Widerstandsvergrößerung in endlicher Zeit bis zur vollständigen Unterbrechung weitergeführt wird, behandeln wir auf Seite 21.

Ladung und Entladung eines Kondensators über Widerstand [1]**.** Die Differentialgleichung des Stromkreises der Abb. 4 lautet:

$$U = iR + u_c = iR + \frac{Q}{C} = iR + \frac{\int i\,dt}{C} \qquad (16)$$

oder:

$$\frac{di}{dt} + \frac{i}{RC} = 0, \text{ wobei für } t = +0,\ i = \frac{U}{R}$$

Daraus findet man für den zeitlichen Verlauf des Stromes i nachstehende Beziehung:

$$i = \frac{U}{R} \cdot e^{-\frac{t}{RC}} \qquad (17)$$

Die Spannung am Kondensator wird:

$$u_c = \frac{1}{C}\int i\,dt = U\left(1 - e^{-\frac{t}{RC}}\right) \qquad (18)$$

Wir erkennen, daß die Zeitkonstante der Exponentialfunktion hier den Wert $\tau = RC$ besitzt. Der Verlauf von i und u_c

[1]) Die Kurven der Abb. 4...8 gelten nur unter der Voraussetzung, daß der Schalter S sehr schnell bewegt wird, d. h. die Zeitkonstante der zugehörigen Schaltfunktion verschwindend klein ist.

geht aus Abb. 4 hervor. Die Ladung erfolgt um so schneller, je kleiner die Zeitkonstante τ ist. Bei kleinem Widerstand R können sehr hohe Einschaltströme auftreten, ebenso bei Kurzschluß eines Kondensators.

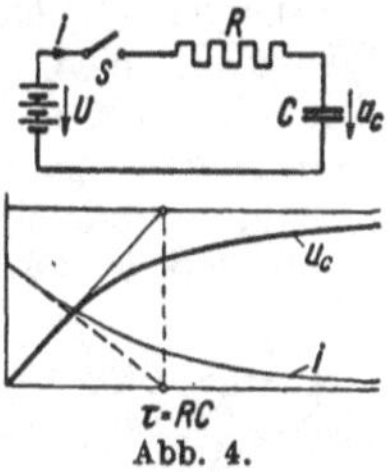

Abb. 4.

Der Entladestrom folgt unter der Voraussetzung, daß der Kondensator zur Zeit $t = 0$ auf die Spannung U aufgeladen ist, dem Gesetz (17). Der Strom hat lediglich entgegengesetztes Vorzeichen. Für die Spannung am Kondensator findet man:

$$u_c = U \cdot e^{-\frac{t}{RC}} \tag{19}$$

Energieumsetzung im Widerstand. Beim Laden eines Kondensators entstehen im Widerstand des Stromkreises Verluste. Aus dem Energiegesetz folgt:

$$U\,idt - i^2 R dt = d\left(\frac{C u_c^2}{2}\right); \tag{20}$$

mit (17) findet man für die Verluste im Widerstand:

$$\int_0^t i^2 R\,dt = \frac{U^2 C}{2} \cdot \left(1 - e^{-\frac{2t}{RC}}\right) \tag{21}$$

Die Energie im Kondensator zur Zeit t ergibt sich mit (18) zu:

$$\frac{u_c^2 C}{2} = \frac{U^2 C}{2}\left(1 - e^{-\frac{t}{RC}}\right)^2 \tag{22}$$

Setzt man in (21) und (22) $t = \infty$, so ergibt sich das überraschende Resultat, daß im Widerstand R ebensoviel Energie vernichtet wird, als im Kondensator sich aufspeichert. Während des Aufladevorganges selbst ist jedoch keineswegs in jedem Zeitpunkt die Energieaufnahme von Widerstand und Kondensator gleich; man findet vielmehr für das Verhältnis

$$\frac{A_R}{A_C} = \frac{1 + e^{-\frac{t}{RC}}}{1 - e^{-\frac{t}{RC}}} \tag{23}$$

Einschalten eines kapazitiven Wechselstromkreises. Wird ein Kondensator (vgl. Abb. 5) über einen Widerstand plötzlich mit einer Wechselstromquelle verbunden, so hängt der Verlauf von Spannung und Strom von dem Augenblick ab, in dem der Schalter S geschlossen wird. Allgemein läßt sich sagen, daß der nach sehr langer Zeit herrschenden Spannung am Kondensator u_e sich eine exponentiell abklingende Spannung u' überlagert. Diese beiden Spannungen addiert, ergeben die Kondensatorspannung u_c. Das exponentiell abklingende Gleichstromglied stellt den Ausgleichsvorgang dar. Der Wert von u' zur Zeit $t = 0$ muß entgegengesetzt gleich dem zu diesem Zeitpunkt herrschenden Momentanwert von u_e sein, denn nur dann kann die Anfangsbedingung $u_c = 0$ erfüllt werden. Man erkennt somit, daß der Ausgleichsvorgang in voller Höhe auftritt, wenn der Schalter in dem Augenblick eingelegt wird, in dem die Spannung u_e gerade ihren Scheitelwert hätte. Der Anfangswert der abklingenden Spannung ist somit $\hat{U}_e$. Mathematisch läßt sich u_c als Summe der Spannungen u_e und u' wie folgt darstellen:

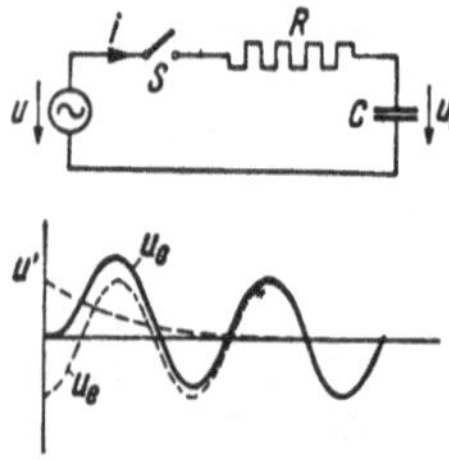

Abb. 5.

$$u_c = \frac{\hat{U}}{\sqrt{R^2\omega^2C^2+1}} \cdot \left[\sin\left(\omega t + \psi + \varphi - \frac{\pi}{2}\right) - \sin\left(\psi + \varphi - \frac{\pi}{2}\right) e^{-\frac{t}{RC}}\right] \quad (24)$$

Hierbei ist vorausgesetzt, daß die treibende Spannung dem Gesetz folgt:

$$u = \hat{U} \sin(\omega t + \psi),$$

d. h. zur Zeit $t = 0$ ist $u = \hat{U} \sin \psi$. Weiterhin ist $\operatorname{tg} \varphi = \frac{1}{R\omega C}$. Der im Stromkreis fließende Strom hat den

Wert:

$$i = C\frac{du_c}{dt} = \frac{\hat{U}}{\sqrt{R^2 + \left(\frac{1}{\omega C}\right)^2}}$$

$$\cdot\left[\cos\left(\omega t + \psi + \varphi - \frac{\pi}{2}\right) + \frac{e^{-\frac{t}{RC}}}{R\omega C}\sin\left(\psi + \varphi - \frac{\pi}{2}\right)\right] \quad (25)$$

Im allgemeinen wird die Einschaltung immer in der Nähe des Spannungsmaximums erfolgen, da bei Annäherung der Kontakte ein Funke überspringt und so den Einschaltvorgang beim Höchstwert der treibenden Spannung einleitet. Bei kleinem Widerstand R fällt das Maximum der treibenden Spannung u praktisch mit dem Maximum von u_e zusammen. Dieser Fall ist in Abb. 5 gezeichnet. Wird dagegen beim Nulldurchgang von u_e eingeschaltet, so wird $u' = 0$; eine Spannungserhöhung kommt nicht zustande. Aus Abb. 5 ersieht man, daß beim Einschalten von Kapazitäten im allgemeinen Überspannungen in der Größenordnung der doppelten Amplitude der Einschaltspannung zu erwarten sind.

Einschalten eines induktiven Wechselstromkreises (Stoßkurzschlußstrom, Rush). Wird die Kapazität durch eine Induktivität ersetzt, so liegen die Verhältnisse gerade umgekehrt. Bedeutet $u_e = L\frac{di_e}{dt}$ den stationären Verlauf der Gegenspannung an der Induktivität, der sich nach unendlich langer Zeit einstellen würde und dem Strom um 90° vorauseilt, so ergibt sich der größte Ausgleichstrom, wenn in dem Augenblick, da $u_e = 0$ ist, d. h. bei $i_e = \hat{I}_e$ eingeschaltet wird. Das magnetische Feld, das dem stationären Strom entsprechen würde, weist dann gerade seinen Scheitelwert auf. Wird dagegen eingeschaltet, wenn $u_e = \hat{U}_e$, so treten keine Ausgleichsvorgänge auf. Der Stromverlauf beim Einschalten einer Luftinduktivität über Widerstand errechnet sich aus der Beziehung:

$$i = \frac{U}{\sqrt{R^2 + \omega^2 L^2}} \cdot \left[\sin(\omega t + \psi - \varphi) - \sin(\psi - \varphi) \cdot e^{-\frac{R}{L}t}\right], \qquad (26)$$

wobei $\operatorname{tg} \varphi = \dfrac{\omega L}{R}$.

Derartige Voraussetzungen für die Einschaltung eines induktiven Stromkreises kommen in der Praxis häufig vor, nämlich immer dann, wenn auf einen im Netz bestehenden Kurzschluß geschaltet wird. Die Induktivität ist in diesem Fall gegeben durch die Streuinduktivität von Maschinen, Transformatoren, vermehrt um die Induktivität der Leitungen. Für den Ohmschen Widerstand kommt meist nur der Leitungswiderstand in Betracht, der — wenn der Kurzschluß nahe beim Kraftwerk auftritt — im allgemeinen sehr klein ist. Der Höchstwert des Stromes (vgl. Abb. 6) wird als Stoßkurzschlußstrom I_s bezeichnet. Infolge der Ankerrückwirkung klingt auch der symmetrische Wechselstromanteil im allgemeinen ab, wie dies in Abb. 6 angedeutet ist.

Beim Einschalten von Stromkreisen mit Eisen, insbesondere von leerlaufenden Transformatoren, müssen die Sättigungserscheinungen mit berücksichtigt werden. Der Strom wird

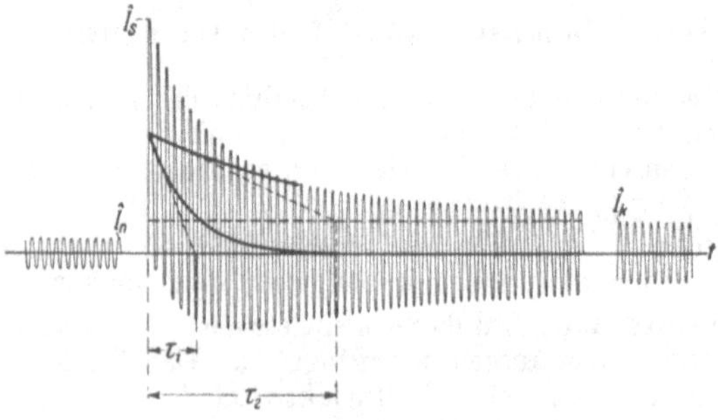

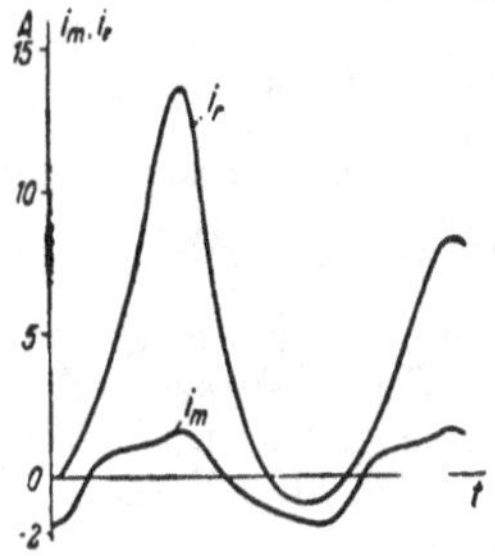

Abb. 7.

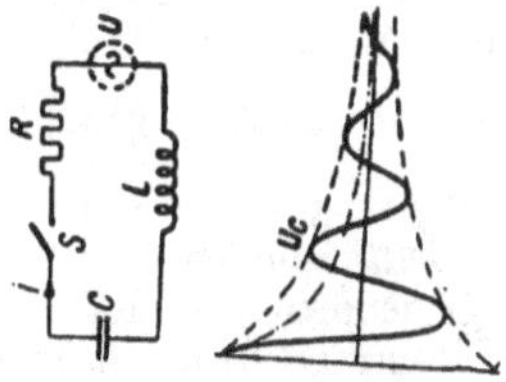

Abb. 8.

meist stark verzerrt, wie dies aus Abb. 7 zu ersehen ist. Ein wirksames Mittel zur Unterdrückung des Einschaltstromstoßes (Rush) bei Transformatoren stellt der Vorstufenwiderstand dar, da hierdurch der Ausgleichsvorgang schon innerhalb einer Halbwelle zum Abklingen gebracht werden kann.

Bisher hatten wir angenommen, daß zum Zeitpunkt $t = 0$ kein Strom fließt. Im allgemeineren Fall ist jedoch ein Strom i_a bereits vorhanden. Wir nehmen nun an, daß zur Zeit $t = 0$ der Widerstand im Stromkreis sprunghaft von dem Wert R_a auf R_e verändert wird. Dann ergibt sich für den Stromverlauf:

$$i = i_e + [(i_a)_{t=0} - (i_e)_{t=0}] \cdot e^{-\frac{R_e}{L} t} \qquad (27)$$

Einschalten eines Schwingungskreises. In Abb. 8 ist ein Schwingungskreis aufgezeichnet. bestehend aus Kapazität C, Induktivität L und Widerstand R. Die Kapazität C sei auf die Spannung U aufgeladen. Dann werde der Schalter S eingelegt; die Kapazität entlädt sich nun, es beginnt ein Strom zu fließen. Dieser erzeugt in der Induktivität L ein magnetisches Feld. Andererseits treten im Widerstand R beim Fließen des Stromes Verluste auf, wobei ein Teil der im Kondensator ursprünglich aufgespeicherten Energie in Wärme verwandelt wird. Das Charakteristische eines Stromkreises mit Induktivität und Kapazität besteht darin, daß beim Widerstand $R = 0$ eine dauernde Energiependelung auftritt. Die elektrostatische Energie $\frac{U^2C}{2}$ entlädt sich, es fließt ein Strom, der zusammen mit der Induktivität L eine magnetische Energie $\frac{i^2L}{2}$ ergibt. Nach vollständiger Aufladung des Magnetfeldes setzt der umgekehrte Vorgang ein; es fließt die Energie zurück nach dem Kondensator und lädt diesen wieder auf. Die Energiependelung erfolgt mit einer ganz bestimmten Frequenz, der Eigenfrequenz des Schwingungskreises. Der Vorgang folgt der Differentialgleichung:

$$\frac{d^2u_c}{dt^2} + \frac{R}{L} \cdot \frac{du_c}{dt} + \frac{1}{LC} u_c = 0 \qquad (28)$$

Für den Strom i ergibt sich dieselbe Differentialgleichung. Die periodische Lösung von (28) bei $\left(\frac{R^2}{4L^2} < \frac{1}{LC}\right)$ und den Anfangsbedingungen $(u_c)_{t=0} = U$, $\left(\frac{du_c}{dt}\right)_{t=0} = 0$ lautet:

$$u_c = \frac{U}{\nu\sqrt{LC}} e^{-\alpha t} \sin(\nu t + \gamma) \text{ (vgl. Abb. 8)} \qquad (29)$$

Darin bedeuten:

$$\alpha = \frac{R}{2L}, \quad \nu = \sqrt{\frac{1}{LC} - \frac{R^2}{4L^2}}, \quad \operatorname{tg} \gamma = \frac{2\nu L}{R}$$

Bei verschwindend kleinem Widerstand erhält man für die Eigenfrequenz der Schwingung:

$$f_e = \frac{\nu}{2\pi} = \frac{1}{2\pi\sqrt{LC}} \qquad (30)$$

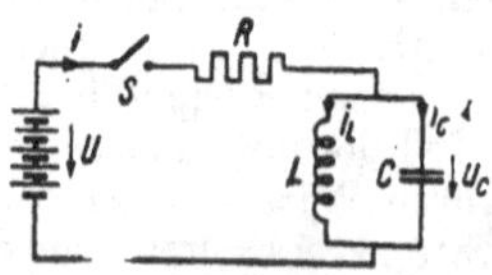

Abb. 9.

Von den vielen möglichen Kombinationen der Größen L, C und R sei nachfolgend noch ein verhältnismäßig häufig vorkommender Fall, nämlich die Parallelschaltung von L und C, kurz behandelt, vgl. Abb. 9. Man erhält für den Stromverlauf:

$$i = \frac{U}{R}\left(1 - \frac{\sin \nu t}{R\nu C} \cdot e^{-\alpha t}\right) \tag{31}$$

für die Kondensatorspannung:

$$u_c = u_L = \frac{U}{R\nu C}\, e^{-\alpha t} \cdot \sin \nu t \tag{32}$$

Hierin bedeuten:

$$\alpha = \frac{1}{2RC}, \qquad \nu = \sqrt{\frac{1}{LC} - \frac{1}{4R^2C^2}}$$

Spannungs- und Stromresonanz; Sperrkreis. Spannungsresonanz kann zustandekommen, wenn in den Schwingungskreis (Abb. 8) noch eine treibende Wechselspannung u mit der Kreisfrequenz ω eingeschaltet wird. Da wir im Nachfolgenden die Ausgleichsvorgänge nicht betrachten wollen, ist es einfacher, die komplexe Schreibweise zu benutzen. Man erhält für den Strom, wenn $j = \sqrt{-1}$:

$$\mathfrak{I} = \frac{\mathfrak{U}}{R + j\omega L - \frac{j}{\omega C}} = \frac{\mathfrak{U}}{R + j\left(\omega L - \frac{1}{\omega C}\right)} \tag{33}$$

Aus (33) erkennt man, daß $\mathfrak{I}$ ein Maximum wird für $\omega = \frac{1}{\sqrt{LC}}$.

Die Spannung am Kondensator ergibt sich zu:

$$\mathfrak{U}_c = -\frac{j\mathfrak{I}}{\omega C} \tag{34}$$

(33) und (34) ergeben beim Übergang auf Absolutwerte:

$$U_c = \frac{U}{\omega C\sqrt{R^2 + \left(\omega L - \frac{1}{\omega C}\right)^2}}$$

Durch Ableitung des Nenners nach ω und Nullsetzen erhält man diejenige Frequenz, für die U_c ein Maximum wird. Es ist:

$$\omega = \sqrt{\frac{1}{LC} - \frac{R^2}{2L^2}} \tag{35}$$

Stromresonanz kann auftreten, wenn einer Parallelschaltung von Induktivität, Kapazität und Widerstand ein Strom $\mathfrak{J}$ aufgedrückt wird. Man erhält:

$$\mathfrak{U} = \frac{\mathfrak{J}}{\frac{1}{R} + j\left(\omega C - \frac{1}{\omega L}\right)} \tag{36}$$

Die Spannung $\mathfrak{U}$ sowie der Strom durch den Widerstand erreichen ihren Höchstwert, wenn $\omega = \frac{1}{\sqrt{LC}}$. Analog zu (35) erhält man jedoch auch hier für den Höchstwert des Stromes, der in der Induktivität bzw. Kapazität fließt, etwas andere Frequenzbedingungen. Sie lauten:

$$\omega = \sqrt{\frac{1}{LC} - \frac{1}{2\,R^2 \cdot C^2}} \quad \text{bzw.} \tag{37}$$

$$\omega = \frac{1}{\sqrt{LC - \frac{L^2}{2R^2}}} \tag{37a}$$

Von einem Sperrkreis spricht man, wenn dem Stromkreis an Stelle des Stromes eine Spannung $\mathfrak{U}$ aufgedrückt wird. Man kann dann (36) wie folgt schreiben:

$$\mathfrak{J} = \mathfrak{U}\left[\frac{1}{R} + j\left(\omega C - \frac{1}{\omega L}\right)\right] \tag{38}$$

und erkennt, daß der Strom $\mathfrak{J}$ ein Minimum wird für $\omega = \frac{1}{\sqrt{LC}}$

Setzt man $R = \infty$, was für viele praktische Fälle angenähert zutrifft, so wird für die angeführte Frequenzbedingung der Strom $\mathfrak{J} = 0$, d. h. der Stromdurchgang ist gesperrt für die Frequenz $f_e = \frac{\omega}{2\pi} = \frac{1}{2\pi\sqrt{LC}}$.

Der Ausschaltvorgang

Grundsätzliche Schwierigkeiten. Für die Konstruktion von Schaltgeräten sind die Vorgänge beim Unterbrechen eines

Stromkreises von größter Wichtigkeit. Bei der rechnerischen Behandlung von Ausschaltvorgängen kann jedoch der Grenzübergang zur theoretisch unendlich schnellen Veränderung des Stromkreises, wie er bei Einschaltvorgängen allgemein üblich ist, nicht mehr durchgeführt werden, da bei plötzlicher Abschaltung eines induktiven Stromkreises theoretisch unendlich hohe Überspannungen auftreten würden. Andererseits kommt eine derart plötzliche Unterbrechung praktisch nicht vor, denn im allgemeinen entsteht beim Trennen der Kontakte an der Unterbrechungsstelle eine Gasentladung (Funke, Lichtbogen). Von diesem Augenblick an ist aber zur Ermittlung des Stromverlaufes neben den Gesetzen der Elektrodynamik auch noch eine genaue Kenntnis der Vorgänge im Lichtbogen notwendig. Man erkennt somit, daß zur vollständigen Berechnung von Ausschaltvorgängen im allgemeinen die Lösung von Differentialgleichungen mit nicht konstanten Koeffizienten erforderlich wird, und daß darüber hinaus auch noch die Gesetze der Elektronentheorie berücksichtigt werden müssen. Wir werden, um uns einen Überblick über die einzelnen Vorgänge zu verschaffen, das Problem in zwei Teile aufteilen und zunächst Ausschaltvorgänge behandeln, bei denen kein Lichtbogen auftritt, und im Anschluß daran sowie im 5. Kapitel speziell die Vorgänge im Lichtbogen näher untersuchen. Zusammenfassend ergibt sich dann ein befriedigendes Bild über den allgemeinen Ablauf von Ausschaltvorgängen mit Lichtbogenbildung.

Ausschalten durch stetig zunehmenden Widerstand; Schaltarbeit. In Abb. 10 ist ein Stromkreis aufgetragen, bestehend aus treibender Spannung U, Induktivität L und einem veränderlichen Widerstand r, dessen Leitfähigkeit proportional der jeweiligen Berührungsfläche sei. Bedeutet G_0 den Leitwert bei größter Berührungsfläche, t die laufende Zeit und T die Zeit bis zur Trennung der Kontakte, so ist die Schaltfunktion gegeben durch:

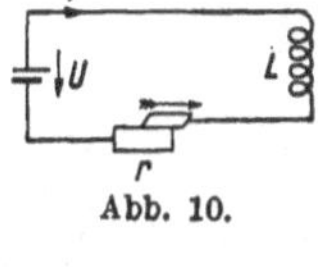

Abb. 10.

$$g = G_0 \cdot \left(1 - \frac{t}{T}\right) \tag{39}$$

Der reziproke Wert ergibt den Übergangswiderstand:

$$r = \frac{R_0 T}{T - t} \tag{40}$$

Diese Festlegung für die Widerstandsänderung hat den großen Vorteil, daß die zugehörige Differentialgleichung allgemein lösbar ist, so daß wir daran die typischen Erscheinungen beim Abschalten eines induktiven Gleichstromkreises deuten können. Mit der Abkürzung $A = \frac{R_0 T}{L}$ findet man für den Strom:

$$i = \frac{U}{L(A-1)}\left[(T-t) - \frac{(T-t)^A}{A T^{A-1}}\right] \tag{41}$$

Die Stromänderung zur Zeit $t = T$ ist:

$$\left(\frac{di}{dt}\right)_{t=T} = \frac{-U}{L(A-1)} \tag{42}$$

Die Spannung am Widerstand ergibt sich zu:

$$u = \frac{R_0 T}{T-t}\, i = \frac{U}{A-1}\left[A - \left(\frac{T-t}{T}\right)^{A-1}\right] \tag{43}$$

Für $L = 0$ fällt der Strom i linear während der Zeit T von seinem Anfangswert I auf 0 ab (vgl. gestrichelte Linie 1 in Abb. 11). Bei endlichem Wert der Induktivität L verläuft der Strom nach Kurven gemäß 2 und 3, die für $t = 0$ eine horizontale Tangente aufweisen. Die Steilheit, mit der diese Kurven zur Zeit $t = T$ durch Null gehen, läßt sich aus (42) unmittelbar ablesen. Die Spannung am Widerstand steigt mit der Zeit hyperbelartig an (vgl. Abb. 11).

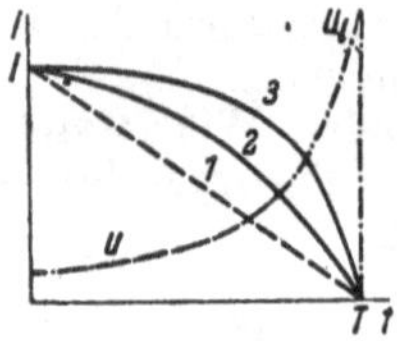

Abb. 11.

Der Wert u_l zur Zeit $t = T$ wird später als Löschspitze bezeichnet. Man findet hierfür:

$$u_l = (u)_{t=T} = \frac{U}{1 - \frac{1}{A}} \quad \text{für } A > 1 \tag{44}$$

Ferner wird, wie (43) und (44) zeigen,

$$(u)_{t=T} = \infty \text{ für } A \leqq 1 . \tag{44a}$$

Daraus geht hervor, daß die Spannung $(u)_{t=T}$ nur endliche Werte annimmt, solange $A = \frac{R_0 T}{L} > 1$ ist. Diese Forderung spielt eine wichtige Rolle bei den Schaltvorgängen an Kollektoren, wo sie eingehalten werden muß, wenn ein Feuern vermieden werden soll. Bei Schaltgeräten läßt sie sich im allgemeinen nicht einhalten; durch den bei der Kontakttrennung auftretenden Lichtbogen wird die Schaltzeit vergrößert bis zum schließlichen Verschwinden des Stromes.

Bei allgemeiner aufgebauten Stromkreisen, in denen auch die treibende Spannung nach einem an sich beliebigen zeitlichen Gesetz verlaufen kann, lassen sich nach einem Vorschlag von W. Puttfarcken Lösungen finden, indem man zunächst den Stromverlauf, so wie er erwartet oder gewünscht wird, als Zeitfunktion ansetzt; damit ist dann auch $\frac{di}{dt}$ bekannt. Das Grundsätzliche an dem Verfahren soll an einem einfachen Beispiel gezeigt werden. Bedeutet:

$$u(t) = \hat{U} \cos \frac{\pi t}{2T} \tag{45}$$

die treibende Spannung, und legen wir fest, daß der Strom i nach folgendem Gesetz verlaufen soll:

$$i = \frac{\hat{I}}{2}\left(1 + \cos \frac{\pi t}{T}\right), \tag{46}$$

so erhält man für den gesuchten Verlauf des Widerstandes, wenn L die Induktivität des Stromkreises bedeutet, folgende Beziehung:

$$r = \frac{u(t) - L \frac{di}{dt}}{i} \tag{47}$$

Durch Ableiten von (46) nach der Zeit ergibt sich zusammen mit (45), (46) und (47):

$$r = \frac{\frac{\hat{U}}{\hat{I}} + \frac{\pi L}{T} \sin \frac{\pi t}{2T}}{\cos \frac{\pi t}{2T}} \tag{48}$$

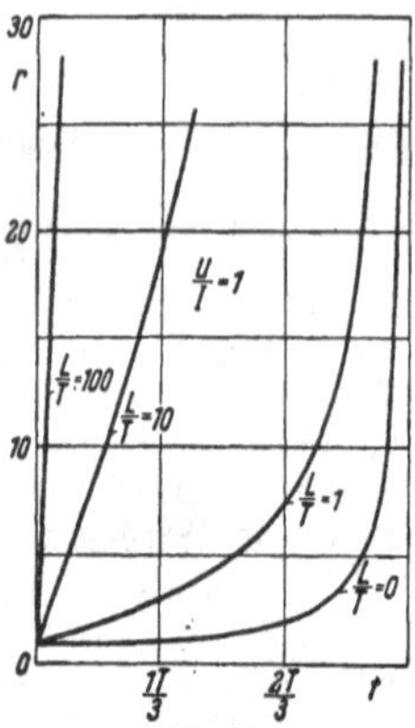

Abb. 12.

Die Werte von r sind für 4 Annahmen von $\frac{L}{T}$ in Abb. 12 aufgetragen.

Für die energetischen Betrachtungen an Schaltern spielt die sog. Schaltarbeit A eine wichtige Rolle. Sie ist definiert durch:

$$A = \int_0^{t_a} i^2 r dt = \int_0^{t_a} u_B i dt \qquad (49)$$

Darin bedeutet t_a die Ausschaltzeit und $u_B = ir$ die Spannung am Widerstand bzw. bei den späteren Untersuchungen die sog. Lichtbogenspannung.

Die Grenzen für lichtbogenfreies Schalten; Werkstoffwanderung.

Die Erfahrung lehrt, daß unter gewissen Umständen eine vollkommen lichtbogenfreie Unterbrechung möglich ist, und zwar wenn entweder der Strom oder die Spannung einen Mindestwert unterschreiten. Die Mindeststromstärke liegt in dem Bereich von 0,1 . . . 1,7 A; nur bei Kohle ist sie tiefer: 10 . . . 30 mA. Die Reihenfolge einiger Kontaktwerkstoffe, geordnet nach zunehmender Mindeststromstärke, ist:

C, Zn, Messing, Au, Ag, Cu, Pt, W.

Voraussetzung ist dabei, daß die an den Kontakten nach der Unterbrechung auftretende Spannung unter etwa 300 V liegt, so daß sie nicht zum Zünden eines Glimmstromes ausreicht. Andererseits lassen sich sehr große Ströme lichtbogenfrei abschalten, wenn die treibende Spannung unter etwa 10 V oder, genauer gesagt, unter der Ionisierungsspannung des betreffenden Kontaktmaterials liegt. Nach H. P. Fink erhält man z. B. für das lichtbogenfreie Schalten mit Kupferkontakten einen Bereich, wie er in Abb. 13 angedeutet ist.

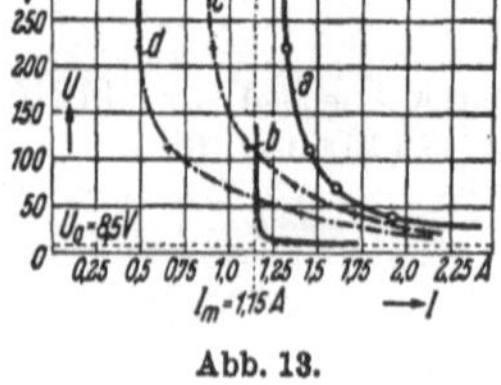

Abb. 13.

Es bedeuten darin: *a*, *c* und *d* die „Grenzkurven", die das Gebiet, in dem bei gegebener Spannung und gegebenem Strom ein Lichtbogen auftreten kann, von dem Gebiet scheiden, in dem ein Lichtbogen nicht mehr nachweisbar ist. *a* gilt für Kupferkontakte mit sauberster Oberfläche; *c* und *d* sind gemessen, nachdem die Kontakte 1 . . . 2 Tage der atmosphärischen Luft ausgesetzt waren; *b* ist die sog. Grenzcharakteristik, d. h. die Lichtbogenkennlinie für die Bogenlänge 0.

Bei Abschaltung außerhalb dieses Bereiches tritt immer ein Lichtbogen auf, der einen gewissen Kontaktabbrand zur Folge hat. Da das verdampfte Metall sich je nach der Elektrodenform mehr oder weniger vollständig wieder auf den Elektroden niederschlägt, so kommt es meist zu einem Stoffgewinn für die weniger beanspruchte Elektrode. Der Materialverlust je 10^5 Schaltungen bei Niederspannung beträgt im Bereiche von 1 . . . 10 A rund 0,1 . . . 1 mm³, wobei härtere Kontaktstoffe, wie z. B. Wolfram, eine geringere Materialwanderung zeigen als weichere, wie z. B. Zink. R. Holm gibt an, daß der Materialverlust proportional der durch den Bogen geflossenen Elektrizitätsmenge ist; die Proportionalitätskonstante γ ist aber weitgehend vom Werkstoff und von der Art der Schaltung abhängig; $\gamma \approx 1 \ldots 10 \cdot 10^{-6}$ cm³/As.[1])

Die Erfahrung lehrt, daß jedoch auch bei lichtbogenfreier Unterbrechung eine gewisse Werkstoffwanderung auftritt; man spricht von Feinwanderung. Die diesbezüglichen γ-Werte liegen aber im allgemeinen um 1 bis 2 Größenordnungen tiefer.

Die Lichtbogencharakteristik. Ein Lichtbogen konstanter Länge ist nach außen hin definiert durch seine Charakteristik, welche die Lichtbogenspannung u_B zwischen den Elektroden in Abhängigkeit vom Lichtbogenstrom i wiedergibt. Um einen Lichtbogen zu zünden, ist eine bestimmte Zündspannung U_z erforderlich, die ausreicht, um den Elektrodenabstand zu überschlagen. Mit zunehmendem Strom nimmt der Lichtbogenwiderstand ab, da die Ionisierung des Bogens mit steigender Temperatur begünstigt wird. Es fällt demnach mit wachsendem Strom die Lichtbogenspannung ab, und man

[1]) Siehe auch S. 79.

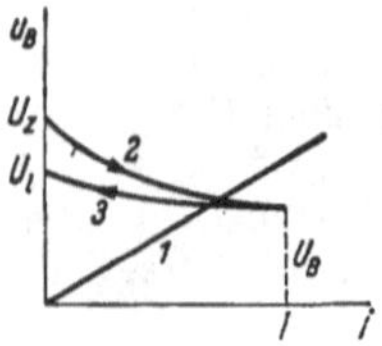

Abb. 14.

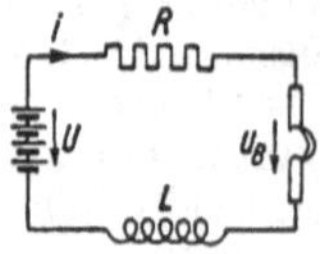

Abb. 15.

spricht daher von einer „fallenden Charakteristik". Wird der Strom wieder verringert, so läßt die Ionisierung nach und der Lichtbogenwiderstand nimmt zu. Beim Stromnulldurchgang erlischt der Lichtbogen. Die im Augenblick des Erlöschens zwischen den Elektroden herrschende Spannung wird als Löschspannung U_l bezeichnet. Im allgemeinen ist $U_z > U_l$. In Abb. 14 bedeutet 1 die ui-Charakteristik für Stromkreise mit konstantem Ohmschen Widerstand, 2 ist die Lichtbogencharakteristik für eine bestimmte Bogenlänge bei zunehmendem und 3 die bei abnehmendem Strom. I stellt den größten durch den Lichtbogen geflossenen Strom dar. Ihm entspricht die kleinste Lichtbogenspannung U_B. Wir denken uns nun einen Stromkreis gemäß Abb. 15, bestehend aus Gleichspannung U, Widerstand R, Induktivität L und Lichtbogenspannung u_B. Er befolgt das Gesetz:

$$U = Ri + L\frac{di}{dt} + u_B; \tag{50}$$

etwas anders geordnet erhält man:

$$L\frac{di}{dt} = (U - Ri) - u_B = \Delta u \tag{51}$$

Auf der linken Seite von (51) steht die Änderung des Stromes $\frac{di}{dt}$, multipliziert mit der Induktivität L; auf der rechten Seite die treibende Spannung U, vermindert um den Abfall in dem Ohmschen Widerstand R und den Spannungsabfall u_B im Lichtbogen. Damit der Strom erlischt, ist es notwendig, daß der Strom i dauernd abnimmt, d. h. seine Änderung $\frac{di}{dt}$ negativ ist. Dies bedingt gemäß (51):

$$\Delta u = U - iR - u_B < 0 . \qquad (51a)$$

In Abb. 16 ist als Kurve 1 die Charakteristik eines Lichtbogens aufgetragen. Kurve 2 stellt die Differenz $U - iR$ dar. Wird diese vermindert um die Lichtbogenspannung u_B, so bleibt gemäß (51a) die Differenzspannung Δu übrig. Diese kann, wie aus Abb. 16 hervorgeht, positiv und negativ sein. Der negative Teil rechts von I_2 ist nicht realisierbar. Ein Löschen des Bogens erfolgt erst für Ströme, die kleiner als I_1 sind. Wir erkennen daher, daß ein Schalter mit Lichtbogenbildung nur einwandfrei unterbrechen kann, wenn seine Lichtbogencharakteristik (Kurve 1) über der Widerstandslinie des Stromkreises (Kurve 2) liegt. Im allgemeinen ist dies erst der Fall, wenn der Lichtbogen an den Abreißhörnern des Schalters hochsteigt und sich dabei verlängert. Mit zunehmender Lichtbogenlänge bzw. intensiverer Lichtbogenkühlung kommt die Charakteristik immer höher zu liegen, bis sie schließlich dauernd über der Widerstandslinie bleibt. Die Möglichkeit der Ausdehnung des Lichtbogens ist somit eine wichtige Bedingung für Gleichstrom-Luftschalter.

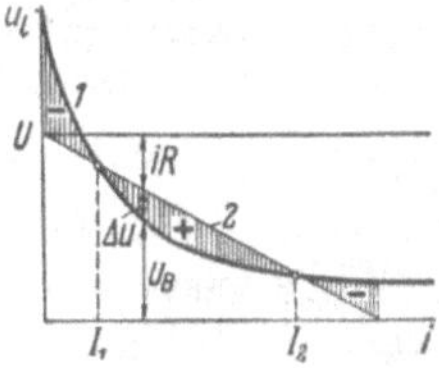

Abb. 16.

Das Stabilitätskriterium. Für einen rein induktiven Stromkreis ohne Ohm'schen Widerstand findet man, daß die Entladung nur stabil brennt, wenn folgendes Kriterium erfüllt ist:

$$\frac{du_B}{di} - \frac{du}{di} > 0 \qquad (52)$$

Hierbei ist angenommen, daß nicht nur die Lichtbogenspannung, sondern auch die treibende Spannung vom Strom abhängig sei. Kann letztere Voraussetzung fallen gelassen werden, so findet man für das Instabilwerden des Lichtbogens folgende Bedingung:

$$\frac{du_B}{di} = \frac{d(ir_B)}{di} < 0 \qquad (53)$$

Wir untersuchen zwei Annahmen für u_B: 1.) $u_B = k =$ konst. Dann ist $\frac{du_B}{di} = 0$, d. h., wir bewegen uns dauernd auf der Grenze der Stabilität; eine Löschung braucht nicht zu erfolgen. 2.) $u_B i = i^2 r_B = k =$ konst. Man findet:

$$\frac{du_B}{di} = -\frac{k}{i^2} < 0,$$

d. h. eine Entladung, bei der die im Lichtbogen umgesetzte Leistung bei abnehmendem Strom konstant bleibt, ist instabil und muß daher erlöschen. Weiter zeigt sich, daß mit abnehmendem Strom $\frac{du_B}{di}$ immer stärker negativ und daher die Entladung immer instabiler wird.

Einige Aussagen der Minimumtheorie. Man hat seit langem versucht, die Charakteristik eines stationär brennenden Lichtbogens vorauszuberechnen. Erst in neuerer Zeit ist dies durch Aufstellung des sog. Minimumprinzips gelungen. Hiernach wird der Zustand eines stationär brennenden Lichtbogens durch drei Gleichungen dargestellt, und zwar die Kontinuitätsbedingung für die elektrische Strömung, die Energiebilanz, wonach die zugeführte elektrische Energie gleich der abgegebenen Energie sein muß, und die Minimumbedingung, welche aussagt, daß der Lichtbogen sich so einrichtet, daß seine Lichtbogenspannung bzw. sein Gradient ein Minimum wird. Für die weiteren Untersuchungen sind die folgenden drei Betriebszustände eines Lichtbogens von besonderer Bedeutung:

a) Kühlung des Lichtbogens durch Wärmeleitung an seiner Oberfläche. Man erhält als Zusammenhang zwischen Lichtbogengradient E_B und Strom I nachstehende Beziehung:

$$E_B = \frac{\text{konst.}}{I^{\frac{3}{8}}} \tag{54}$$

(54) gilt in großer Annäherung für Luftlichtbögen und sog. stabilisierte Lichtbögen.

b) Die Kühlung des Lichtbogens findet über den gesamten Querschnitt statt. Man spricht dann von sog. Volumenkühlung. Sie kann dadurch entstehen, daß z. B. in das Innere des Lichtbogens Flüssigkeitströpfchen hineingebracht werden, oder daß durch Beblasung des Lichtbogens kaltes Gas in sein Inneres eintritt. Aus der Minimumtheorie folgt nach F. Koppelmann das erstaunliche Resultat:

$$E_B = \text{konst.}, \quad (55)$$

d. h. der Gradient ist in diesem Fall unabhängig von der Stromstärke.

c) Der Lichtbogen wird praktisch überhaupt nicht gekühlt. Derartige Verhältnisse liegen z. B. bei Elektrostahlöfen vor. Man findet dann, daß der Lichtbogenwiderstand sich annähernd wie ein konstanter Ohmscher Widerstand verhält, so daß die Lichtbogenspannung mehr oder weniger ausgeprägten sinusförmigen Charakter annimmt.

Abb. 17 zeigt für die drei Fälle a, b und c jeweils die oszillographischen Aufnahmen von Strom i und Lichtbogenspannung u_B. Man erkennt, daß die Voraussagen der Minimumtheorie in sehr guter Annäherung erfüllt sind. Aus der Kenntnis dieser Zusammenhänge folgt die Möglichkeit, durch genaue Analyse der aufgenommenen Lichtbogenspannung über die Kühlungsverhältnisse Aufschluß zu erhalten.

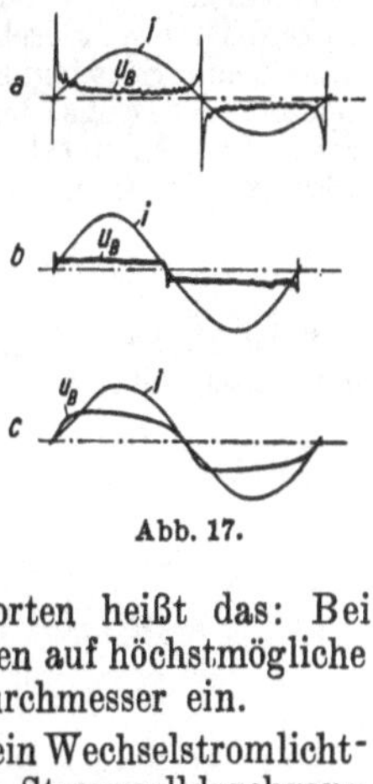

Abb. 17.

Schließlich sei noch eine Aussage des Minimumprinzips angeführt, welche für den Schalterbau von großer Tragweite ist. Sie besagt, daß der Lichtbogendurchmesser um so kleiner ist, je höher die Temperatur und je schärfer die Kühlung ist. Mit anderen Worten heißt das: Bei Volumenkühlung stellt sich der Lichtbogen auf höchstmögliche Temperatur und kleinsten Lichtbogendurchmesser ein.

Die wiederkehrende Spannung. Ist ein Wechselstromlichtbogen im oder kurz vor dem natürlichen Stromnulldurchgang erloschen, so tritt zwischen den Kontakten die sog. wiederkehrende Spannung auf. Ihr Verlauf und ihre absolute Höhe ist, wie wir noch sehen werden, von ausschlaggebender Bedeutung für die Beantwortung der Frage, ob eine Neuzündung der meist noch heißen ionisierten Gasstrecke zwischen den Kontakten auftritt, oder ob der Lichtbogen endgültig erloschen bleibt. Der zeitliche Verlauf der wiederkehrenden Spannung u_w ist sowohl vom Stromkreis als auch von der Lichtbogenspannung, insbesondere von der Größe der Löschspitze, abhängig.

In Abb. 18 ist der Verlauf der wiederkehrenden Spannung in einem vorwiegend **induktiven** Stromkreis wiedergegeben. Der Strom i geht sinusförmig gegen Null. Kurz vor seinem natürlichen Nulldurchgang wird die Entladung instabil; der Strom sinkt sehr schnell auf Null. Dieser Stromänderung entspricht eine Zunahme der Lichtbogenspannung bis zur Löschspitze. Andererseits ist der Strom in dem Kondensator C, welcher z. B. der Netzkapazität entspricht, proportional der Spannungsänderung, d. h. etwa vom Punkt A an wird der wesentliche Teil des Stromes durch den Kondensator C fließen und nur noch ein verschwindend kleiner Teil durch die Restsäule des Lichtbogens. Im Augenblick des Erlöschens des Stromes wird nun der aus L und C bestehende Schwingungskreis angestoßen, und zwar mit einer Spannung, welche dem Augenblickswert der wiederkehrenden Spannung, vermehrt um die Löschspannung, entspricht. Nach (30) ist die Frequenz des Einschwingvorgangs gegeben durch:

$$f_e = \frac{1}{2\pi \cdot \sqrt{LC}}$$

Meist ist der Einschwingvorgang ziemlich stark gedämpft. Mit der ansteigenden wiederkehrenden Spannung wächst die elektri-

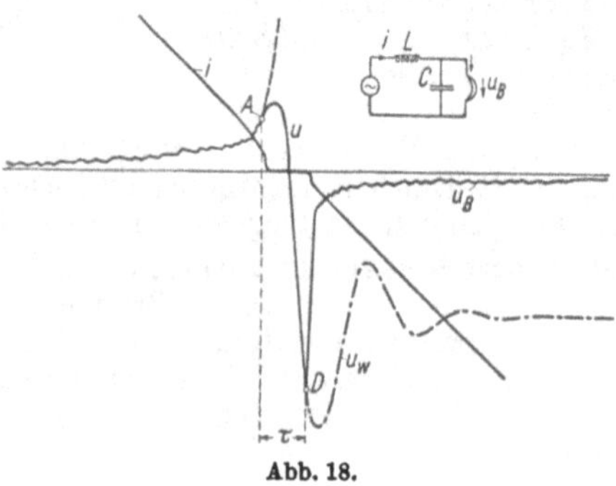

Abb. 18.

sche Beanspruchung der Gasstrecke. Dies kann z. B. in Punkt D zu einem Durchschlag führen. Es tritt dann wieder ein Lichtbogen mit der Spannung u_B auf. Kommt es nicht zur Neuzündung, so schwingt sich die wiederkehrende Spannung allmählich auf die sinusförmig verlaufende Spannung u ein. Sehr oft liegen die Verhältnisse etwas verwickelter, indem beim Stromnulldurchgang gekoppelte Schwingungskreise angestoßen werden. Der Einschwingvorgang der wiederkehrenden Spannung zeigt dann neben einer Grundwelle noch mehr oder weniger stark ausgeprägte Oberwellen.

Wesentlich anders liegen die Verhältnisse bei einem vorwiegend kapazitiven Stromkreis. Der Strom hat dann gegenüber der Spannung 90° Voreilung (vgl. Abb. 19). Im Augenblick des Stromnulldurchganges weisen die sich trennenden Kontakte keine Spannungsdifferenz auf, da $u = u_c = \hat{U}$, so daß im allgemeinen eine Neuzündung zunächst nicht erfolgt. Der Kondensator bleibt auf die Spannung $\hat{U}$ aufgeladen; die Maschinenspannung ändert sich sinusförmig. Nach einer Halbwelle liegt zwischen den Kontakten die verhältnismäßig hohe Spannung von 2 $\hat{U}$. Dies kann oftmals zu

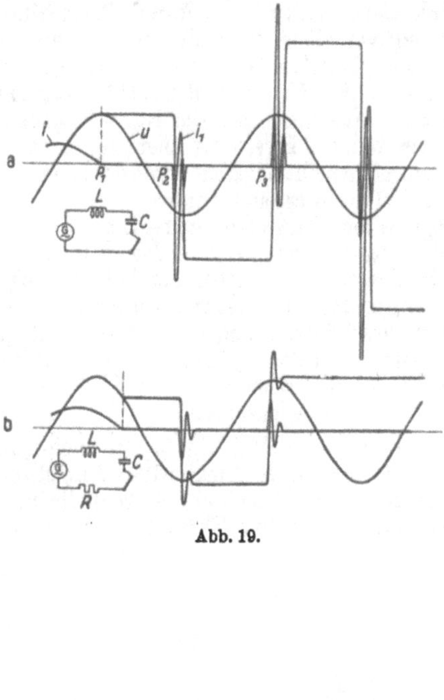

Abb. 19.

Rückzündungen führen, welche dann sowohl hinsichtlich Spannung als auch Strom mit der dem Stromkreis eigenen Frequenz verlaufen. Auch der hochfrequente Rückzündungsstrom eilt der zugehörigen Spannung voraus. Bei seinem Abreißen hat die Hochfrequenzspannung annähernd ihr Maximum, und es kann dann — wie aus Abb. 19a zu erkennen ist — zu einem Aufschaukeln der Spannung kommen. Diese Vorgänge machen sich besonders beim Abschalten langer, leerlaufender Höchstspannungsleitungen bemerkbar. Ein wirksames Mittel zu ihrer Unterdrückung besteht in der Verwendung von Vorstufenwiderständen (Abb. 19 b).

Bei rein Ohmschen Stromkreisen, die aber nur selten vorkommen, gehen Spannung und Strom gleichzeitig durch Null. Ein Anstoßen des Schwingungskreises erfolgt dann nur durch die Löschspitze der Lichtbogenspannung. Es ist verständlich, daß eine Wiederzündung unter diesen Umständen kaum vorkommen kann.

2. Kapitel

Die elektrische Beanspruchung. Dielektrische Verluste

Überblick. Bei der elektrischen Festigkeitslehre interessieren in der Technik vor allem die Bedingungen, unter denen ein Überschlag oder Durchschlag auftritt. Man hat früher geglaubt, daß aus der Kenntnis der elektrostatischen Feldverteilung auch Aussagen über die Überschlagspannung gemacht werden können. Dies trifft aber nur in ganz seltenen Fällen zu. Im allgemeinen treten Vorentladungen auf, durch welche Raumladungen erzeugt werden, die das Feldbild vollständig umgestalten. Noch verwickelter liegen die Verhältnisse beim Durchschlag flüssiger und fester Isolierstoffe. Wir müssen uns daher in diesem Kapitel neben der Ableitung der wichtigsten Beziehungen über das elektrostatische Feld im wesentlichen darauf beschränken, gemessene Gesetzmäßigkeiten in Form von Kurven wiederzugeben, mit deren Hilfe es aber doch möglich ist, die Bemessung der Schaltgeräte in befriedigender Weise durchzuführen.

Ladung; Elektrisches Feld; Potential. Nach dem heutigen Stand der Forschung hat die Elektrizität atomistische Struktur, d. h. es existieren Elementarladungen, die nicht weiter teilbar sind. Für die negative Elektrizität ist das Elektron als Elementarladung anzusehen, für die positive der entgegengesetzt gleichgeladene Kern des Wasserstoffatoms, auch Proton genannt. Als Wert der Elementarladung wurde gefunden: $e = \pm 1{,}60 \cdot 10^{-19}$ As. Danach haben alle Betrachtungen von der Existenz im Raum verteilter Ladungen auszugehen.

Das Grundgesetz, aus dem sich die Elektrostatik entwickelt hat, stammt von Coulomb:

$$K = \frac{Q_1 Q_2}{4\pi\varepsilon r_{12}^2} \tag{1}$$

oder in vektorieller Darstellung:

$$\mathfrak{K} = \frac{Q_1 Q_2}{4\pi\varepsilon r_{12}^2} \cdot \frac{\mathfrak{r}_{12}}{r_{12}} \tag{1a}$$

$\mathfrak{K}$ ist die Kraft, welche zwischen zwei punktförmigen Ladungen Q_1 und Q_2 im Abstand r_{12} besteht. Die Dielektrizitätskonstante ε hängt im wesentlichen von der Art des Zwischenmediums und vom Maßsystem ab[1]). Wir denken uns eine Reihe punktförmiger Ladungen $Q_1, Q_2, \ldots$, die auf die Ladung Q im Punkte P einwirken. Nach (1a) ergeben sich zwischen jeder Ladung Q_ν und Q Kräfte $\mathfrak{K}_1, \mathfrak{K}_2 \ldots$, welche, da es sich um konservative Kräfte handelt, in bekannter Weise zur resultierenden Kraft $\mathfrak{K}$ zusammengesetzt werden können. Bezeichnet man die resultierende Kraft, welche auf die Ladung 1 im Punkte P einwirken würde, mit $\mathfrak{E}$, so wird die Kraft auf die Ladung Q in P:

$$\mathfrak{K} = Q\mathfrak{E}, \tag{2}$$

wobei

$$\mathfrak{E} = \sum_\nu \frac{Q_\nu}{4\pi\varepsilon r_\nu^2} \cdot \frac{\mathfrak{r}_\nu}{r_\nu} \tag{3}$$

Die elektrische Feldstärke $\mathfrak{E}$ ist somit als Kraft definiert, welche von den Ladungen Q_ν auf die Ladung 1 im Punkte P ausgeübt wird. Den Raum, in dem eine Ladung Q eine Kraftwirkung erfährt, bezeichnet man als elektrisches Feld. Sind die Ladungen Q_ν nicht punktförmig, sondern z. B.

---

[1]) Festsetzung von $\varepsilon = \varepsilon_0 \varepsilon_r = 0{,}886 \cdot 10^{-13}\, \varepsilon_r$ [F/cm] siehe S. 38.

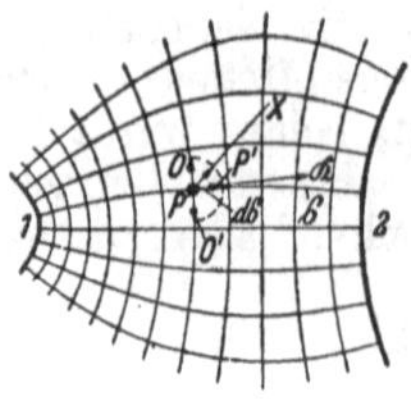

Abb. 20.

flächenhaft auf der Oberfläche von Leitern verteilt, so bleibt Gleichung (3) bestehen. Die Summe verwandelt sich in ein Flächenintegral.

In Abb. 20 ist ein derartiger Fall aufgezeichnet. Es bedeutet wieder $\mathfrak{K}$ die Kraft auf die Ladung Q im Punkte P. Bewegen wir die Ladung Q nach allen Richtungen längs des Linienelementes $d\mathfrak{s}$, so wird eine Arbeit geleistet:

$$A = (\mathfrak{K} d\mathfrak{s}) = Q \cdot (\mathfrak{E}_s d\mathfrak{s}) \tag{4}$$

Es zeigt sich, daß zwei zueinander senkrechte Richtungen bevorzugt sind. In der einen PP', die mit $\mathfrak{E}$ bzw. $\mathfrak{K}$ zusammenfällt, ist die Arbeit ein Maximum, in der anderen (PO bzw. PO') ist sie 0. Wird die Arbeit in Ws = Joule, die Ladung, wie bereits festgesetzt, in As = Coulomb gemessen, so erhält man aus (4) für $\mathfrak{E}$ die Dimension Volt/cm, d. h. die Feldstärke im Punkte P läßt sich auch als Spannungsänderung pro Längeneinheit in Richtung des größten Spannungsgefälles (PP') auffassen. Da $\mathfrak{E}$ immer in Richtung der abnehmenden Spannung weist, wird:

$$\mathfrak{E}_s = -\frac{du}{ds} \tag{5}$$

Die Komponente der Feldstärke in einer beliebigen Richtung x ergibt sich zu:

$$\mathfrak{E}_x = -\frac{du}{dx} \tag{5a}$$

Bildet man das Linienintegral der elektrischen Feldstärke von 1 bis 2 (vergl. Abb. 20), so erhält man:

$$\int_1^2 \mathfrak{E} d\mathfrak{s} = \int_1^2 -du = U_1 - U_2 \tag{6}$$

Bewegt man schließlich die Ladung 1 auf einer geschlossenen Kurve, so muß:

$$\oint_{\mathfrak{s}} 1 . \mathfrak{E} d\mathfrak{s} = 0 \tag{7}$$

sein, da andernfalls dem Feld dauernd Energie entzogen werden könnte, was im Widerspruch mit der Erfahrung steht. Mathematisch ausgedrückt, heißt das: Das elektrostatische Feld ist wirbelfrei, es läßt sich aus einem Potential u ableiten.

Für ladungsfreien Raum erhält man die Laplacesche Gleichung:

$$\Delta u = \frac{\partial^2 u}{\partial x^2} + \frac{\partial^2 u}{\partial y^2} + \frac{\partial^2 u}{\partial z^2} = 0 \tag{8}$$

Elektrischer Kraftfluß; Kapazität. Eine besondere Wichtigkeit kommt dem elektrischen Kraftfluß zu; er ist definiert durch:

$$\Delta = \int \varepsilon \mathfrak{E}_N \, d\mathfrak{F} \tag{9}$$

Bildet man das Integral der Normalkomponente $\mathfrak{E}_N$ der elektrischen Feldstärke über eine allseitig geschlossene Fläche, so lehrt die Erfahrung, daß der gesamte, aus dieser Fläche austretende Kraftfluß Δ gleich der von der Fläche eingeschlossenen Ladung ΣQ ist, also:

$$\Delta = \varepsilon \oint \mathfrak{E}_N d\mathfrak{F} = \Sigma Q \tag{10}$$

Dies sieht man sehr leicht ein im Falle einer punktförmigen Ladung Q. Nach (10) und (3) ist, wenn als umhüllende Fläche eine Kugel mit dem Radius r, also der Oberfläche $4\pi r^2$ angesehen wird:

$$\oint \varepsilon \mathfrak{E}_n d\mathfrak{F} = \frac{Q}{4\pi r^2} \oint d\mathfrak{F} = Q$$

Das elektrische Feld wird oft durch Zeichnen der sog. Feldlinien dargestellt. Ihre Richtung fällt in jedem Punkt P zusammen mit der Feldstärke selbst, d. h. diese ist eine Tangente an die Feldlinie. Die dazu senkrechten Linien, die sog. Niveaulinien, geben die Orte gleichen Potentials an (vgl. Abb. 20). Da homogene metallische Leiter bei unbewegten Ladungen, d. h. im elektrostatischen Gleichgewicht, nur ein einziges Potential annehmen können, ist ihre Oberfläche eine Niveaufläche. Das elektrische Feld steht also immer senkrecht auf der Leiteroberfläche und ist im Innern der Leiter 0. Die Größe der Feldstärke ergibt sich aus der Zahl der Feldlinien pro cm². Aus Abb. 20 geht hervor, daß die Feldstärke an der Oberfläche von 1 größer ist als bei 2.

Nimmt man auf der Oberfläche eines Leiters (vgl. Abb. 21) ein Flächenelement dF_1 an und legt durch seine Randlinie die Feldlinien, so ergibt sich ein röhrenförmiges Gebilde, das als Kraftröhre bezeichnet

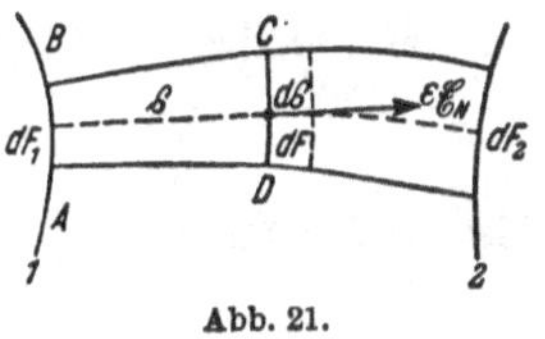

Abb. 21.

wird. An der Oberfläche von 2 ist die Röhre durch dF_2 abgeschlossen. Wir wenden (10) auf das allseitig geschlossene Gebilde $ABCD$ an. Ein Kraftfluß tritt nur durch die Fläche dF aus, da im Innern des Leiters 1 $\mathfrak{E} = 0$ ist. Es wird:

$$\varepsilon \mathfrak{E}_N dF = dQ\,,$$

wobei dQ die Ladung auf dem Flächenelement dF_1 darstellt. Ersetzt man $\mathfrak{E}$ mit Hilfe von (5), so wird:

$$-du = \frac{dQ}{\frac{\varepsilon dF}{ds}}$$

Durch Integration längs $\mathfrak{s}$ von 1 bis 2, jedoch unter Ausschluß von $-dQ$ auf dF_2, erhält man:

$$U_1 - U_2 = dQ\int_1^2 \frac{ds}{\varepsilon dF} = dQ \cdot r_e = \frac{dQ}{c}\,, \tag{11}$$

d. h. die Spannungsdifferenz zwischen zwei Punkten 1 und 2 ist gleich der Ladung innerhalb der Kraftröhre, multipliziert mit der Größe r_e, welche als dielektrischer Widerstand der Kraftröhre bezeichnet wird. Der reziproke Wert von r_e stellt die Kapazität c der Röhre dar:

$$r_e = \int_1^2 \frac{ds}{\varepsilon dF}\,; \quad c = \frac{1}{r_e} \tag{12}$$

Integriert man schließlich über alle Ladungen dQ der Fläche 1 bzw. 2, so erhält man die Gesamtladung Q auf den Elektroden:

$$Q_1 = \int_{F_1} dQ_1 = -\int_{F_2} dQ_2,$$

und wenn analog der Begriff der Gesamtkapazität C eingeführt wird:

$$Q = (U_1 - U_2)\,C = U_{12}C \tag{13}$$

C ist die Summe der Kapazitäten der einzelnen Kraftröhren:

$$C = \sum_\nu c_\nu \tag{14}$$

Aus der Definition von c bzw. C ergibt sich sofort, daß die resultierende Kapazität bei Parallelschaltung:

$$C = C_1 + C_2 + C_3 + \cdots, \tag{15}$$

bei Reihenschaltung:

$$R_e = R_{e1} + R_{e2} + R_{e3} + \cdots \tag{16}$$

bzw.

$$\frac{1}{C} = \frac{1}{C_1} + \frac{1}{C_2} + \frac{1}{C_3} + \cdots \tag{16a}$$

wird.

Leitet man (13) nach der Zeit ab, so erhält man den durch einen Kondensator fließenden Strom:

$$i = \frac{dQ}{dt} = \frac{d}{dt}(uC) = C\frac{du}{dt} + u\frac{dC}{dt} \tag{17}$$

Die Leistung ergibt sich durch Multiplikation mit u:

$$N = iu = \frac{dW_e}{dt} = Cu\frac{du}{dt} + u^2\frac{dC}{dt}; \tag{18}$$

bei Wechselstrom und C = konst. wird die Blindleistung:

$$N_b = C\omega U^2. \tag{18a}$$

Für die Änderung der in dem Kondensator aufgespeicherten elektrischen Energie findet man mit (18):

$$dW_e = Cu \cdot du + u^2 \cdot dC \tag{19}$$

Ist insbesondere C konstant, so erhält man für die elektrische Energie den Ausdruck:

$$W_e = \frac{Cu^2}{2} \tag{20}$$

Die Kraftwirkung auf die Elektroden eines Plattenkondensators[1]) ergibt sich aus der Beziehung: $K = \frac{dW_e}{da}$, wobei a den Abstand der Platten bedeutet, zu:

$$K = \frac{u^2\varepsilon F}{2a^2}\,[\mathrm{Ws/cm}] = 4{,}5 \cdot 10^{-10}\,\frac{u^2\varepsilon_r F}{a^2}\,[\mathrm{g}] \tag{21}$$

[1]) Siehe auch (25) S. 39.

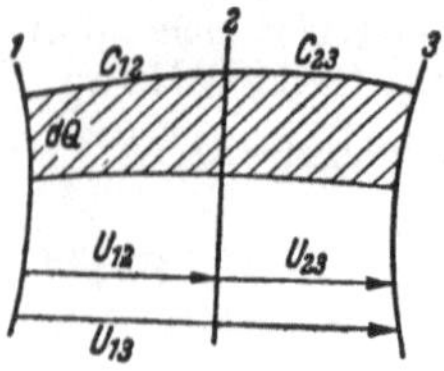

Abb. 22.

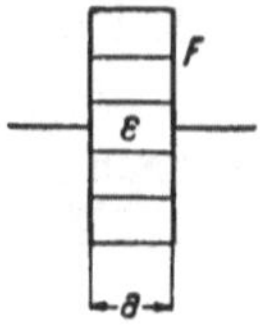

Abb. 23.

Da der Fluß durch eine Kraftröhre konstant ist, und zwar gleich der Ladung dQ, erhält man mit (13) bei drei Elektroden (vgl. Abb. 22), wenn zwischen 1 und 3 die Spannung U_{13} angelegt wird und U_{12} bzw. U_{23} die Teilspannungen bedeuten:

$$U_{12} + U_{23} = U_{13}$$

$$U_{12} c_{12} = U_{23} c_{23} = dQ$$

$$\frac{U_{12}}{U_{23}} = \frac{c_{23}}{c_{12}}.$$

Was für jede Röhre gilt, gilt auch für die Summe aller:

$$U_{12} : U_{23} = C_{23} : C_{12} \tag{22}$$

$$U_{12} = \frac{C_{23}}{C_{12} + C_{23}} \cdot U_{13}; \quad U_{23} = \frac{C_{12}}{C_{12} + C_{23}} U_{13} \tag{23}$$

Um dieses Gesetz, das für die Berechnung der dielektrischen Beanspruchung sehr wichtig ist, anwenden zu können, müssen die einzelnen Kapazitäten C_{12}, C_{23} bestimmt werden. Die Grundlage bildet die Kapazität einer Kraftröhre.

Plattenkondensator (Abb. 23). Man erhält, wenn die Felddeformation an den Plattenrändern vernachlässigt wird, als Summe aller Kraftröhren: $C = \frac{\varepsilon F}{a}$. Wird ε als reine Zahl angesehen, so hat C die Dimension einer Länge. Wir wollen jedoch ganz allgemein für die Einheit der Kapazität die Größe „Farad“ $= \mathrm{F} = 9 \cdot 10^{11}$ cm einführen und setzen deshalb:

$$\varepsilon = \varepsilon_0 \varepsilon_r, \tag{24}$$

wobei ε_0 die Dielektrizitätskonstante des leeren Raumes darstellt und den Wert hat:

$$\varepsilon_0 = \frac{1}{4\pi \cdot 9 \cdot 10^{11}} = 0{,}886 \cdot 10^{-13}\ [\mathrm{F/cm}] \equiv \left[\frac{\mathrm{As}}{\mathrm{Vcm}}\right];$$

$\varepsilon_r = \frac{\varepsilon}{\varepsilon_0}$ ist die relative Dielektrizitätskonstante und gibt das

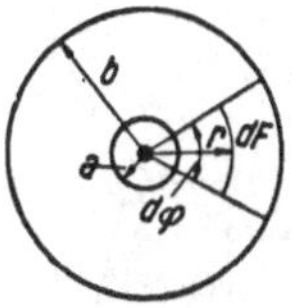

Abb. 24.

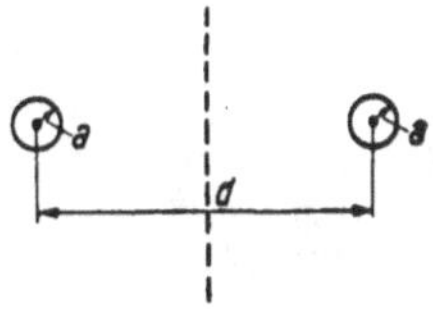

Abb. 25

Verhältnis der Dielektrizitätskonstante ε eines bestimmten Körpers zur Dielektrizitätskonstante ε_0 des leeren Raumes an. Damit wird:

$$C = \frac{\varepsilon F}{a} = \frac{\varepsilon_0 \varepsilon_r F}{a} = \frac{0{,}886 \cdot 10^{-13} \varepsilon_r F}{a} \text{ [F]} \qquad (25)$$

Zylinderkondensator. Für eine Röhre ist (vgl. Abb. 24):

$$\varepsilon \mathfrak{E} dF = \varepsilon \mathfrak{E} r \, d\varphi \, l = dQ,$$

und da $\mathfrak{E}$ auf einer Zylinderfläche infolge der Symmetrie konstant ist:

$$\varepsilon \mathfrak{E} 2\pi r l = Q; \; \mathfrak{E} = \frac{Q}{2\pi r l \varepsilon}.$$

Integriert man von $a \ldots b$, so wird:

$$\int_a^b \mathfrak{E} d\mathfrak{r} = \int_a^b - du = U_{ab} = \frac{Q}{2\pi l \varepsilon} \cdot \ln \frac{b}{a}$$

und mit (13):

$$C = \frac{Q}{U_{ab}} = \frac{2\pi l \varepsilon}{\ln\left(\frac{b}{a}\right)} \text{ [F]} \qquad (26)$$

C ließe sich auch direkt aus (12) ermitteln:

$$R_e = \int_a^b \frac{dr}{2\pi r l \varepsilon} = \frac{\ln\left(\frac{b}{a}\right)}{2\pi l \varepsilon},$$

also:

$$C = \frac{1}{R_e} = \frac{2\pi l \varepsilon}{\ln\left(\frac{b}{a}\right)}$$

Nachstehend sind noch zwei wichtige Fälle angeführt, wobei wir auf die Ableitung verzichten.

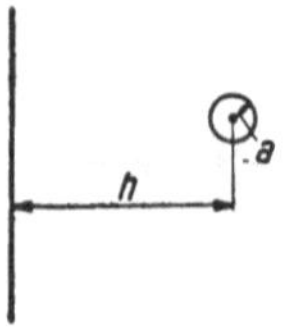

Abb. 26.

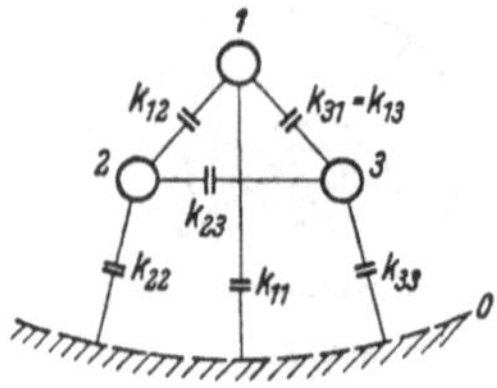

Abb. 27.

Kapazität einer Doppelleitung (Abb. 25). Unter der Voraussetzung $d \gg a$, ist die Kapazität je cm Länge:

$$C = \frac{\pi \varepsilon}{\ln\left(\frac{d}{a}\right)} \text{ [F/cm]} \tag{27}$$

Zylinder-Platte (Abb. 26). Voraussetzung ist $h \gg a$.

$$C = \frac{2\pi \varepsilon}{\ln \frac{2h}{a}} \text{ [F/cm]} \tag{28}$$

Drehstromfreileitung bzw. Drehstromkabel. Bedeuten 1, 2, 3 die drei Leiter und 0 die Hülle (Erde bzw. Kabelmantel) (vgl. Abb. 27), so findet man für die räumliche Änderung des Stromes in einem Leiter folgende allgemeine Beziehung:

$$\left.\begin{aligned} di_p &= \sum_{q=1}^{n} \left(k_{pq} \frac{du_{pq}}{dt}\right) ds \\ p &= 1, 2, 3 \ldots n;\; k_{pq} = k_{qp} \\ u_{pq} &= u_{p0} - u_{q0} = -u_{qp};\; u_{pp} = u_{p0} \end{aligned}\right\} \tag{29}$$

Nimmt man sinusförmige Spannung an, mit der Kreisfrequenz ω, so wird für den ersten Leiter, d. h. $p = 1$ eines Drehstromsystems ($n = 3$):

$$\Delta I_1 = \omega\, [k_{11} \cdot U_{10} + k_{12} \cdot U_{12} + k_{13} \cdot U_{13}]\, \Delta s \tag{30}$$

Bei symmetrischem Betrieb wird oft Gebrauch gemacht von d r sog. Betriebskapazität. Da in diesem Fall $k_{12} = k_{13}$ und somit $U_{12} + U_{13} = 3\, U_{10}$, so findet man für die Betriebskapazität:

$$k_b = k_{11} + 3\, k_{12} \tag{31}$$

Werte für Teilkapazitäten und Betriebskapazität siehe Tafel 1 u. 2.

Der Einfluß der Spannungsverteilung an in Reihe geschalteten Kapazitäten werde durch folgendes Beispiel erläutert:

An die Elektroden (vgl. Abb. 28a) ist eine Spannung von 50 kV$_{eff}$ angelegt. Die maximale Feldstärke, d. h. die Spannung pro cm, beträgt bei Luft und einem Abstand von 3 cm 23,5 kV/cm. Da die Luft eine Durchschlagsfestigkeit von etwa 30 kV/cm aufweist, tritt an der Plattenfunkenstrecke der Abb. 28a keine Überbeanspruchung auf. Man könnte nun auf den Gedanken kommen, durch Zwischenschalten einer Isolierplatte von 1,5 cm Stärke die Durchschlagssicherheit zu erhöhen. Es liegt dann der Fall zweier in Reihe geschalteter Kapazitäten vor (vgl. Abb. 28b). Besteht die Isolierplatte aus Glas mit einer Dielektrizitätskonstante von $\varepsilon_r = 8$, so erhält man mit (23) und (25):

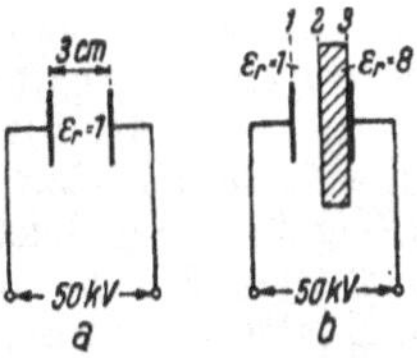

Abb. 28.

$$U_{12} = \frac{8}{9} \cdot 50 = 44{,}5\ \text{kV}_{eff}; \qquad U_{23} = \frac{1}{9} \cdot 50 = 5{,}5\ \text{kV}_{eff} \cdot$$

Daraus geht hervor, daß durch Zwischenschieben der Glasplatte beinahe die ganze Beanspruchung auf den verbleibenden Luftraum entfällt. Da nun im Luftraum eine max. Feldstärke von $\frac{44{,}5}{1{,}5} \cdot \sqrt{2} = 42$ kV/cm besteht, treten partielle Überschläge auf. Diese Funken zerstören in kurzer Zeit die Isolierplatte. Das Ergebnis besteht also darin, daß durch die vermeintlich bessere Isolation die Anordnung vollkommen unbrauchbar geworden ist.

Durchschlag in gasförmigen Isolierstoffen. In Abb. 29 sind für Wasserstoff (H), Helium (He), Chlor (Cl) und Kalium (K) die Bohrschen Atommodelle schematisch angedeutet. Da die positiven und negativen Ladungen eines Atoms ein-

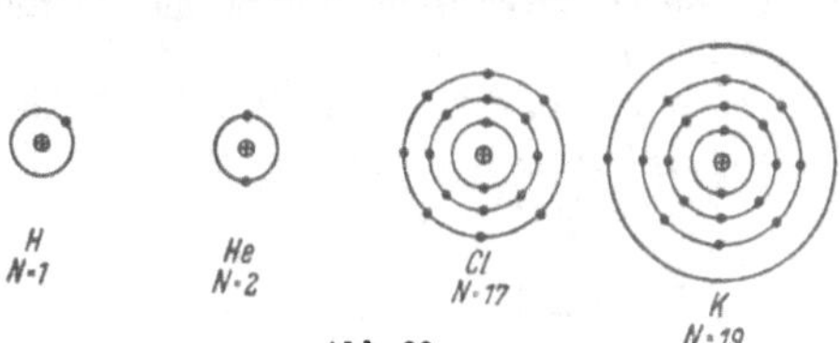

Abb. 39.

ander gleich sind und der Ordnungszahl N entsprechen, ist das Atom in einiger Entfernung nach außen elektrisch neutral. Interessant ist der Vergleich zwischen dem Cl- und K-Atom. Bei ersterem fehlt zur vollständigen Symmetrie ein Elektron auf der äußersten Schale, bei letzterem kreist auf der vierten Schale nur ein einziges Elektron. Die Erfahrung zeigt, daß die Elektronen auf der äußersten Bahn dem Atom am leichtesten entzogen werden können, sofern diese Bahn nur teilweise besetzt ist, daß dagegen eine Bahn mit 8 Elektronen sehr stabil ist. Die Atome sind bestrebt, einen möglichst stabilen Verband zu bilden. Es wird daher das Cl-Atom begierig ein Elektron aufnehmen, das K-Atom eines abgeben. Dieser Zustand herrscht z. B. in einer Lösung von KCl. Es entstehen aus: Cl-Atom + Elektron ein Cl-Ion mit der negativen Ladung $-e$, aus: K-Atom — Elektron ein K-Ion mit positiver Ladung $+e$. Die Ionen folgen schon den kleinsten Feldstärken, woraus sich die gute Leitfähigkeit der Elektrolyte erklärt.

Während im Gaszustand sowohl Cl wie K als Isolatoren anzusehen sind, ändert sich das beim flüssigen und festen Aggregatzustand. Bei K wird durch die Einwirkung der benachbarten Atome das eine Elektron losgelöst und bewegt sich frei zwischen den Atomen. Das K hat deshalb in diesem Aggregatzustand hohe Leitfähigkeit. Bei Cl ist die Bindung der 7 Elektronen auf der äußersten Schale so fest, daß sie auch in flüssigem und festem Zustand bestehen bleibt, obwohl die Atome viel näher aneinanderrücken. Cl bleibt deshalb Isolator. Im allgemeinen gilt daher: Atome mit nur einzelnen Elektronen auf der äußersten Schale ergeben Leiter (H hat bekanntlich metallische Eigenschaften), während Atome mit annähernd voll besetzter äußerster Schale die Bausteine für Dielektrika bilden.

In der elektrischen Festigkeitslehre unterscheidet man nun:

1. Elektrischer Durchschlag. In einem Isolator, insbesondere in den Gasen, sind fast immer vereinzelte freie Elektronen vorhanden. Sie werden durch die an ihnen angreifenden Feldkräfte beschleunigt, und zwar solange, bis sie auf ein Atom aufstoßen. Der Weg, der zur Beschleunigung

zur Verfügung steht, entspricht der mittleren freien Weglänge. Übersteigt die kinetische Energie im Moment des Zusammenstoßes einen gewissen Wert, so wird das Atom zertrümmert oder richtiger gesagt, ionisiert. Es entstehen weitere freie Elektronen und Ionen, die wiederum Stoßionisationen hervorrufen. Dadurch schwillt die Elektronenbildung lawinenartig an, und es können längs des Bildungspfades der Elektronen Bahnen hoher Leitfähigkeit entstehen, die schließlich in Funken übergehen. Der Durchschlag in Gasen ist immer ein elektrischer Durchschlag.

2. Wärmedurchschlag. Die technischen Isolatoren (Porzellan, Glas, Hartgummi, Bakelit usw.) sind keine eigentlichen Dielektrika; sie weisen vielmehr infolge der in ihrem Innern vorhandenen Ionen eine gewisse Leitfähigkeit auf. Wir denken uns eine vollständig homogene Platte aus einem derartigen Isoliermaterial, an die mit Hilfe zweier Plattenelektroden eine Spannung gelegt wird. Es fließt dann zunächst ein schwacher Strom. Die Ionen bewegen sich jedoch infolge der großen Ionenreibung nur langsam; die erzeugte Wärme ist gering. Mit zunehmender Spannung nimmt die Erwärmung gleichmäßig zu. Da nun die Ionenreibung mit wachsender Temperatur schnell sinkt, geht der Vorgang immer stürmischer vor sich, bis schließlich der ganze Körper in den leitenden Zustand versetzt ist. In Wirklichkeit gibt es nun keine vollkommen homogenen Körper. Eine Glasplatte z. B. wird immer Stellen mit etwas höherer Leitfähigkeit aufweisen, an denen dann größere Stromdichte und damit größere Erwärmung auftritt. Dadurch sinkt der Widerstand, und die Stromdichte sowie die Erwärmung steigen noch mehr an, d. h. der im vorigen geschilderte Vorgang konzentriert sich bei den technischen Isolatoren nur auf einzelne Stellen. Bei einem bestimmten Wert der angelegten Spannung hören Leitfähigkeit und Temperatur auf, sich zu begrenzen. Das Material an dieser Stelle schmilzt und verdampft; es entsteht ein Durchschlag. Man sieht, daß in diesem Fall auch die Wärmeleitfähigkeit eine Rolle spielt. Diese Art der Beanspruchung hat mit der elektrischen Festigkeit gemäß 1. zunächst nichts zu tun. Sie ist vielmehr auf die Labilität parallel geschalteter

Widerstände, deren Leitfähigkeit mit der Temperatur sehr rasch zunimmt, zurückzuführen.

Die Durchschlagsfestigkeit definieren wir wie folgt:

$$E_d = \frac{U_2 - U_1}{d_2 - d_1} = \frac{\Delta U}{\Delta d} \, [\mathrm{V/cm}], \tag{32}$$

d. h. es wird die Durchschlagspannung U_1 bei plattenförmigen Elektroden bei einem Abstand d_1 gemessen, dann d_1 um Δd vergrößert und nochmals die Durchschlagspannung U_2 bei $d_2 = d_1 + \Delta d$ bestimmt. Diese Art der Messung von E_d schaltet die Störung durch die Elektroden ziemlich aus und ergibt infolge der homogenen Feldverteilung eindeutige Werte. Im allgemeinen ist die Durchschlagsfestigkeit nicht nur abhängig von der Temperatur und dem Druck, sondern auch, wie Abb. 30 für Luft zeigt, vom Elektrodenabstand.

Die Erfahrungstatsachen über Gasentladungen werden weitgehend zusammengefaßt in dem sogenannten **Ähnlichkeitsgesetz**. Es lautet: Sind zwei Entladungsstrecken einander geometrisch ähnlich und erstreckt sich diese Ähnlichkeit auch auf die freie Weglänge des Gases, so führen beide Anordnungen bei gleicher Spannung den gleichen Entladungsstrom und haben einander geometrisch ähnliche Potential- und Strömungsfelder. Für die Zündspannung läßt sich folgende speziellere Fassung aufstellen: Werden die gesamten Abmessungen einer Entladungsanordnung im Verhältnis $1/k$ verkleinert und der Gasdruck k mal größer ge-

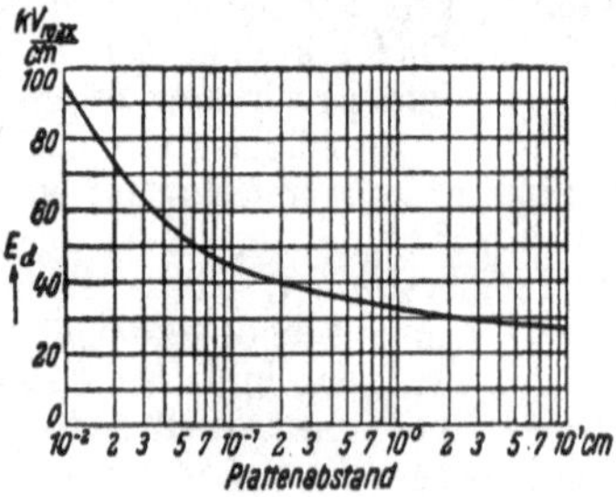

Abb. 30.

macht, so bleibt die Zündspannung der Anordnung unverändert. Insbesondere für Plattenelektroden erhält man:

$$U_z = f(p \cdot d) \qquad (33)$$

Nach (33) (Paschensches Gesetz) ist die Zündspannung U_z an Plattenelektroden nur von dem Produkt aus Gasdruck p und Abstand d abhängig. — Aus dem Ähnlichkeitsgesetz geht hervor, daß für eine Kugelfunkenstrecke bei Verringerung des Kugeldurchmessers und Abstandes auf z. B. $^1/_3$ und Erhöhung des Druckes auf das 3fache die Durchschlagsspannung gleichbleiben muß. Dies ist aber nur streng der Fall, wenn auch die Oberfläche der kleinen Kugel entsprechend 3mal glatter gemacht wird. Man erkennt daraus, daß die Rauhigkeit der Oberfläche mit zunehmendem Gasdruck an Einfluß gewinnt.

Für meßtechnische Zwecke werden meistens Kugelfunkenstrecken verwendet. Die genormten Werte *IEC* und *VDE* sind enthalten in ETZ 1938, Heft 39 und 40, S. 1029 u. 1064.

Bei den praktischen Anordnungen hat man es in den meisten Fällen mit Elektrodenanordnungen zu tun, welche ein stark inhomogenes Feld ergeben. In Abb. 31 sind Werte der Durch-

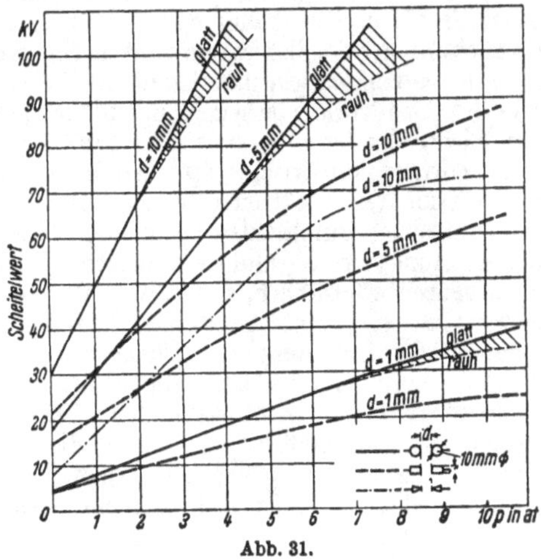

Abb. 31.

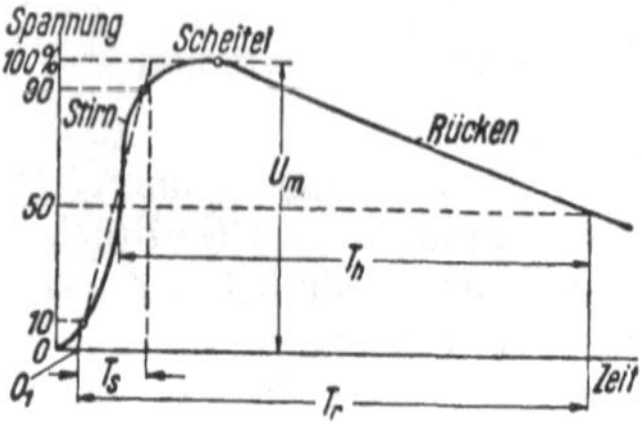

Abb. 32.

schlagspannungen ($f = 50$ Hz) bei verschiedenen Elektrodenarten, jedoch für kleine Abstände, zusammengestellt (Werte für große Abstände siehe Kurven (50 Hz) in Abb. 34).

Neben dem statischen Durchschlag (Gleichspannung, 50-periodige Wechselspannung) spielt die Stoßbeanspruchung mit steilen Wellen eine wichtige Rolle. Da der Blitz die für die elektrische Beanspruchung von Anlagen wichtigste Form der Stoßbeanspruchung darstellt, wurde eine Welle genormt, welche sich im wesentlichen dem Spannungsverlauf bei Blitzeinschlägen anpaßt (vgl. Abb. 32). Darin bedeuten T_s die Stirnzeit, T_h die Halbwertdauer und T_r die Rückenhalbwertzeit. Bei der genormten Welle ist $T_s = 1\ \mu$s, $T_h = 50\ \mu$s.

Bei der Beanspruchung von Isolatoren mit Stoßwellen kommt nun im Gegensatz zu der bisherigen Betrachtung noch der Zeitbegriff hinzu. Dies hängt damit zusammen, daß es für die Einleitung der Stoßionisation zunächst notwendig ist, daß in der Entladungsstrecke überhaupt ein freies Elektron vorhanden ist. Das Vorhandensein von Ladungsträgern zwischen den Elektroden ist eine statistische Frage, und es wird daher eine mittlere statistische Streuzeit geben, innerhalb welcher genügend freie Elektronen in der Entladungsstrecke entstehen, um einen Durchschlag einzuleiten. Weiterhin ist für den Ionisierungsvorgang und die Lawinenausbildung eine gewisse Aufbauzeit erforderlich, so daß sich also der Gesamtentladeverzug aus der mittleren statistischen Streuzeit und der Aufbauzeit der Entladung zusammensetzt. Der Versuch zeigt, daß bei Stoßspannungen, deren Amplitude nur wenig höher ist als die Amplitude einer 50-periodigen Wechselspannung die positive Überschlagstoßspannung und die Überschlagwechselspannung annähernd gleich hoch liegen. Der Entladeverzug kann in diesem Gebiet recht erheblich sein. Mit zu-

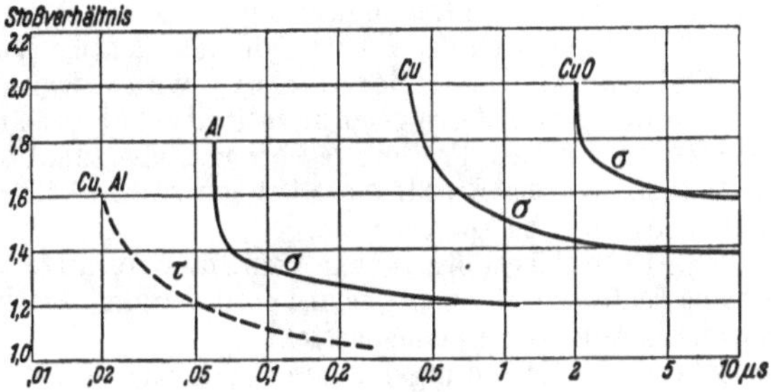

Abb. 33.

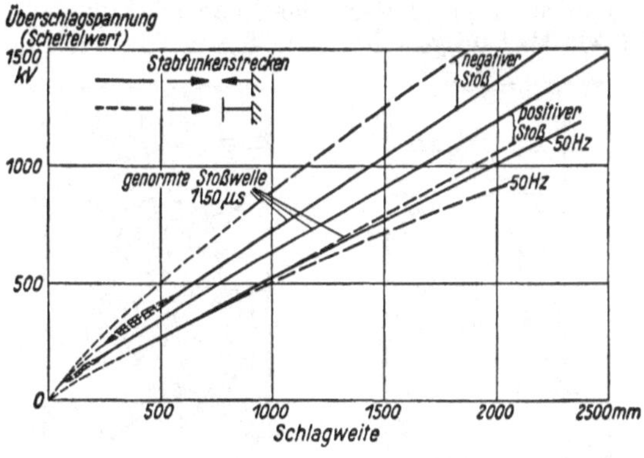

Abb. 34.

nehmender Stoßspannung wird der Entladeverzug immer geringer. Bei sehr hohem Überschießen ist für die Ausbildung des Durchschlages bei Anordnung mit geringem Abstand schließlich nur noch ein einziges Ausgangselektron notwendig.

In Abb. 33 ist der Zusammenhang von mittlerer statistischer Streuzeit σ und Aufbauzeit τ einer Entladung nach Strigel in Abhängigkeit vom Stoßverhältnis $U_{üs}/U$ (siehe Abb. 41) aufgetragen. Die Streuzeit ist in erheblichem Maße von der Austrittsarbeit der Elektronen der an negativer

Spannung liegenden Elektroden abhängig. Es spielt daher z. B. auch die Oxydation der Elektroden eine wichtige Rolle.

Als 50%-*Überschlagstoßspannung* wird derjenige Höchstwert der verwendeten genormten Prüfwelle bezeichnet bei dem 50% der auf den Prüfling gegebenen Stöße zum Überschlag führen. Auf den Begriff der *Stoßkennlinie* kommen wir auf S. 54 noch zu sprechen.

Die 50%-Überschlagstoßspannung von Stabfunkenstrecken ist für eine Halbwertzeit von 50 μs, bei positiver und negativer Polarität, in Abb. 34 zusammengestellt.

Raumladung; Entladungsformen. Um das Wesen der Feldumbildung durch Raumladungen verstehen zu können, betrachten wir zunächst die Abb. 35a und b. Sofern sich zwischen den beiden Platten keine Raumladung befindet, erhalten wir das homogene Feld gemäß Abb. 35a, bei dem ent-

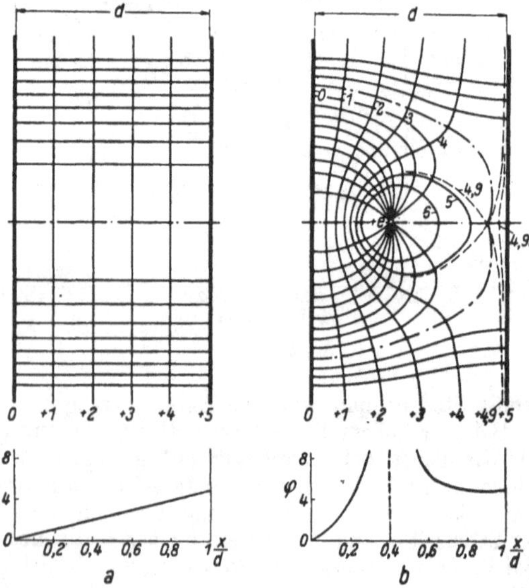

Abb. 35.

gegen der sonst üblichen Darstellung mit Rücksicht auf die Annahme der Abb. 35b die Kraftröhren als Zylinderröhren mit der strichpunktierten Linie als Achse eingetragen sind. Auch hier geht aber durch jede Röhre der gleiche elektrische Kraftfluß. Nun verändern wir die Anordnung dadurch, daß zwischen die beiden Platten eine punktförmige, positive Ladung gebracht wird, deren Größe so bemessen ist, daß das Potential der Punktmasse allein im Abstand d (d = Plattenabstand) 1/5 des Potentials des Plattenkondensators gemäß Abb. 35a ist. Die sich dann einstellende Potentialverteilung läßt sich ermitteln, indem man die Punktladung zunächst an der einen Platte spiegelt, dann die Ladung und ihr Spiegelbild an der zweiten Platte spiegelt usw. Man erhält auf diese Weise für das Potential eine sehr schnell konvergierende Reihe. Die Auswertung, die ich den Herren Poppović und Timascheff verdanke, ist in Abb. 35b aufgezeichnet. Die Kraftröhren sind hier im wesentlichen Schalen. Aus der darunter aufgezeichneten Spannungsverteilung längs der strichpunktierten Linie erkennt man die starke Feldumbildung gegenüber dem Fall der Abb. 35a. Die beiden Abb. sind so entworfen, daß durch jede Röhre der gleiche Fluß geht, wobei als Flußeinheit $^1/_{10}$ des von der Punktladung ausgehenden Gesamtflusses gewählt wurde. Bei komplizierteren Anordnungen läßt sich die Raumladungsverteilung nicht streng ermitteln, so daß im allgemeinen der Feldverlauf nicht exakt vorausbestimmt werden kann.

Wird zwischen zwei ebenen Elektroden die Spannung allmählich gesteigert, so entsteht zunächst eine unselbständige Strömung, d. h. die durch irgendwelche Ionisation erzeugten freien Ladungsträger werden durch das elektrische Feld nach den Elektroden transportiert. Der Strom ist im allgemeinen äußerst gering (Bruchteil von μA). Bei einer ganz bestimmten Spannung, der sog. Einsatzspannung, setzt die Stoßionisierung ein, welche im homogenen Feld meist mit der Durchbruchspannung praktisch zusammenfällt.

Bei Elektroden mit gekrümmter Oberfläche sind noch weitere Entladungsformen möglich. Dies soll an dem Beispiel der Zylinderfunkenstrecke erläutert werden (vgl. Abb. 36). Für die Feldstärke $\mathfrak{E}_r$ an der Stelle r findet man gemäß S. 39:

$$\mathfrak{E}_r = \frac{Q}{2\pi l \varepsilon r}.$$

Da bei Durchschlagsversuchen nicht die Ladung, sondern die Spannung gegeben ist, ersetzen wir Q mit Hilfe von (13) und (26) und erhalten:

$$\mathfrak{E}_r = \frac{U}{r \ln\left(\frac{b}{r}\right)} \tag{34}$$

Daraus geht hervor, daß $\mathfrak{E}_r$ für $r = a$, d. h. am inneren Zylinder am größten ist. Wird $\mathfrak{E}_r$ größer als etwa 26 kV/cm (vgl. Abb. 30) so tritt Stoßionisation auf. Die Innenelektrode überzieht sich mit einer leitenden Glimmhaut. Dadurch vergrößert sich scheinbar der Durchmesser der inneren Elektrode auf $a + \Delta a$, wobei Δa die Dicke der Glimmhaut ist. Nun entfällt aber die ganze Spannung auf die kleinere Strecke $b - (a + \Delta a)$. Der Durchschlag wird erfolgen, wenn eine Zunahme des Durchmessers auch eine Zunahme von $\mathfrak{E}_r$ mit sich bringt. $\mathfrak{E}_r$ wird ein Minimum für $r = \frac{b}{e} = \frac{b}{2{,}718}$. In dem punktierten Raum der Abb. 36 findet Stoßionisation statt. Die über die Berandungsfläche r = konst. hinaustretenden elektrischen Ladungen wandern mit einer Geschwindigkeit, die nicht mehr zur Stoßionisation ausreicht, nach b; es fließt ein Strom, der sog. Glimmstrom. Der Zwischenraum zwischen den Elektroden ist nicht mehr ladungsfrei. Es besteht vielmehr eine Raumladung, durch die die Feldverteilung umgebildet wird. Genauere Untersuchungen zeigen, daß die Raumladung meist das Feld zwischen den Elektroden homogenisiert. Die Feldstärke zwischen Glimmzone und äußerem Zylinder wird konstanter. Durch das Glimmen kann deshalb die Durchschlagsspannung heraufgesetzt werden. Praktisch wird dieser Effekt beim Glimmring ausgenutzt.

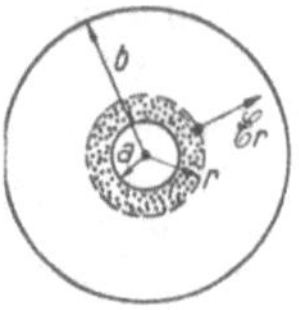

Abb. 36.

Bei der Spitzenfunkenstrecke geht die Glimmentladung meistens noch in die Büschelentladung über, bevor der Durchschlag erfolgt. Diese ist gekennzeichnet durch fadenförmige Funkenbüschel, die von den Elektroden ausgehen, jedoch im freien

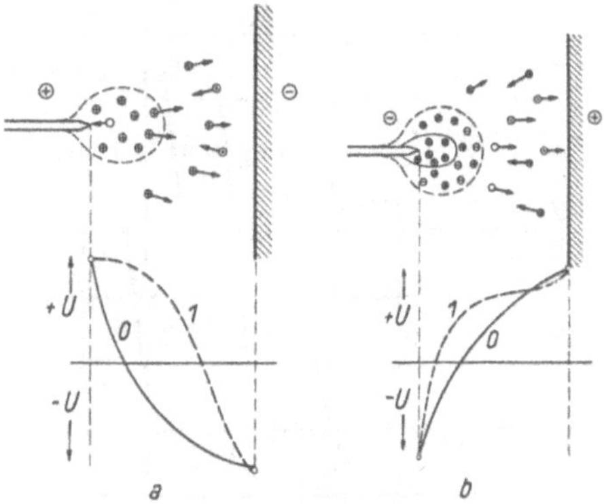

Abb. 37.

Raum zwischen den Elektroden endigen. In Abb. 37a und b ist schematisch der Durchschlagsvorgang bei der Anordnung Spitze-Platte aufgezeichnet, wobei die Spitze einmal positive, das andere Mal negative Polarität aufweist. Aus dem darunter aufgezeichneten Spannungsverlauf erkennt man, in welcher Weise durch die Raumladungen das vorher bestehende Feld (ausgezogene Linie 0) umgestaltet wird (gestrichelte Linie 1).

Ist die Spitze positiv, so wandern die Elektronen auf die Spitze zu und gelangen dabei in ein immer stärkeres Feld. Es entstehen auf diese Weise Funkenkanäle, an deren äußerem Ende wieder Verhältnisse bestehen, wie an der Elektrodenspitze, d. h. sie fangen wieder die Elektronen ein, und es setzt sich an ihr Ende ein weiterer Funkenkanal an, bis es schließlich zum Durchschlag kommt (Abb. 38a).

Ist hingegen die Spitze negativ, so werden die Elektronen von ihr abgestoßen und laufen in einen feldschwächeren Raum, wo sie sehr bald nicht mehr genügend Energie zum Ionisieren besitzen. Man kann daher sagen, daß sich in diesem Fall die Elektronen mehr oder weniger totlaufen. An der Spitze selbst ergibt sich zwar infolge der davorliegenden positiven Raumladung eine sehr hohe Feldstärke, während im übrigen Raum das Feld, wie Abb. 37b zeigt, verhältnismäßig schwach ist. Die Ent-

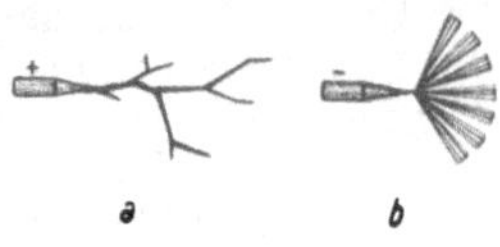

Abb. 38.

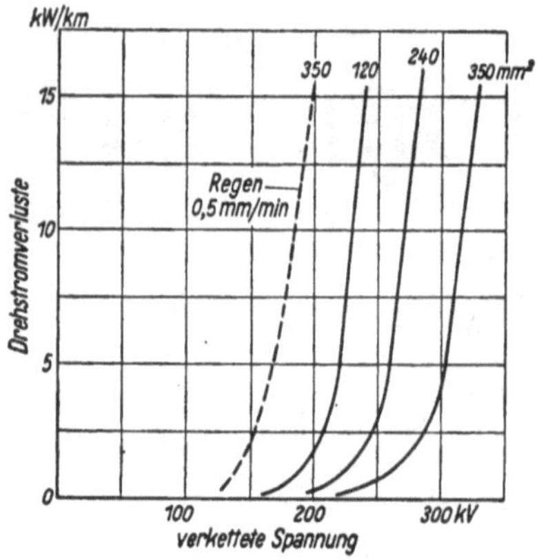

Abb. 39.

ladung bei negativer Spitze sieht mehr fächerartig aus, vgl. Abb. 38b. Im allgemeinen liegt die Überschlagspannung bei positiver Spitze niedriger als bei negativer.

Für Höchstspannungsleitungen spielt die Korona eine wichtige Rolle. Aus Abb. 39 können für verschiedene Seildurchmesser in gealtertem, trockenem Zustand bzw. unter Regen die Koronaeinsatzspannung und die Zunahme der Koronaverluste mit der Spannung entnommen werden.

Durchschlag in Gasen längs der Oberfläche von festen Isolierstoffen. Bei elektrischen Geräten hat man es nur selten mit reinen Funkenstreckenanordnungen zu tun. Meist sind die Elektroden auf Isolierstoffen befestigt (Stützer, Durchführungen, Hängeketten). Bei den in der Technik praktisch angewendeten Isolatoren spielt nun der Zustand der Oberfläche eine ausschlaggebende Rolle. Die höchsten Überschlagswerte werden bei sauberer und trockener Oberfläche ermittelt; bei Regen geht die Überschlagspannung bereits zurück und kann bei starker Verschmutzung bis auf einen Bruchteil abfallen. In Abb. 40 ist der Zusammenhang zwischen trockener, nasser und verschmutzter Oberfläche nach Messungen von W. Estorff und W. Weber für einige Isolatorformen aufgetragen.

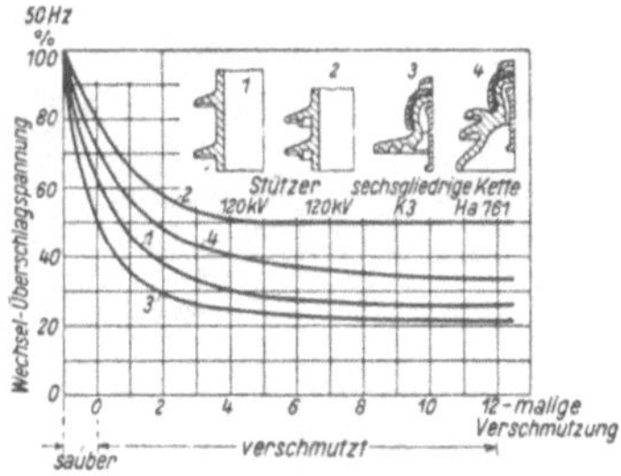

Abb. 40

Bei Durchführungen spielt neben der Beschaffenheit der Oberfläche auch noch der Umstand, daß sog. Gleitfunken auftreten können, eine wesentliche Rolle. Während bei Prüfungen mit Gleichspannung nur ein blaues Leuchten an der Fassungsstelle sichtbar ist, zeigen sich bei Wechselspannung im allgemeinen vor dem Überschlag leuchtende Funken längs der Oberfläche. Wir betrachten die Funkenbildung an einer Durchführung. Die Feldlinien gehen vom Flansch aus zunächst ein Stück längs der Oberfläche, dann durch das Isoliermaterial und endigen auf dem Bolzen. Befinden sich einzelne freie Ladungen (Elektronen) auf der Oberfläche, so werden diese beschleunigt und erzeugen durch Stoßionisation weitere freie Ladungen. Es entstehen die sog. Leuchtfäden, welche die Oberfläche mit einem leitenden Netz umgeben. Die einzelnen leitend gewordenen Oberflächenelemente bilden mit den gegenüberliegenden Flächenelementen auf dem Bolzen Elementarkondensatoren. Diese werden durch die Leuchtfäden aufgeladen. Je größer nun der Spannungsanstieg und je größer die Kapazität der Oberflächenelemente ist, desto größer ist der Verschiebungsstrom und damit auch der ihn fortsetzende Ladestrom längs der Leuchtfäden. Großer Strom bedingt aber starke Ionisierung und damit schließlich Funkenbildung. Die vordersten geladenen Teilkondensatoren haben gegen ihre noch ungeladenen Nachbarelemente starkes Spannungsgefälle und deshalb gleitet der Prozeß immer weiter fort. Sowie die Spannung konstant wird, hören die Gleitfunken auf, da kein Verschiebungsstrom mehr fließt. Zur Verhinderung von Gleitfunken kann man entweder eine Spannungssteuerung anwenden, wie dies bei der Kondensatordurchführung der Fall ist, oder man ordnet in der Nähe des Flansches eine sog. Ionenbarriere an, an der die Elektronen aufgehalten werden.

Bei Stoßbeanspruchung spielt im allgemeinen der Zustand der Isolatoroberfläche, sofern es sich nicht um extrem starke

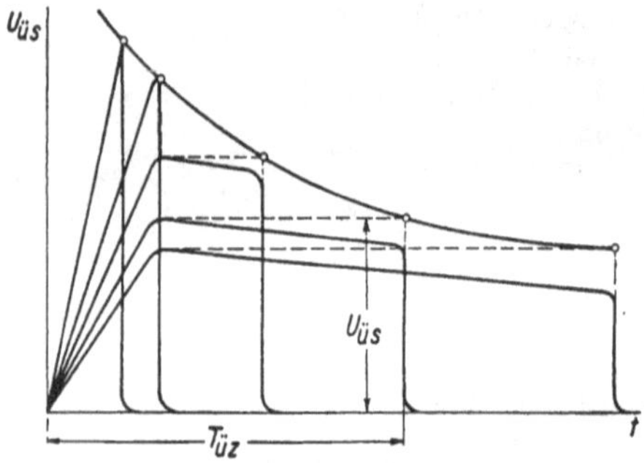

Abb 41.

Verschmutzung handelt, keine ausschlaggebende Rolle. Die Überschlagstoßspannung von Stützern entspricht etwa der von Stabfunkenstrecken (vgl. Abb. 34).

Von besonderer Bedeutung sind die sog. Stoßkennlinien. Man erhält sie, indem ein Prüfling mit einer Stoßwelle konstanter Halbwertdauer, jedoch mit zunehmender Amplitude, geprüft wird. Bei der 50%-Überschlagstoßprüfung erfolgt der Zusammenbruch meist erst im Rücken der Stoßwelle. Mit zunehmendem Überschießen wandert der Überschlagspunkt über das Spannungsmaximum bis zur Stirn vor. (Vgl. Abb. 41.) Die verschiedenen Isolatoren (Stützer, Durchführungen, Hängeketten) ergeben nun, wie Abb. 42 zeigt, ganz ver-

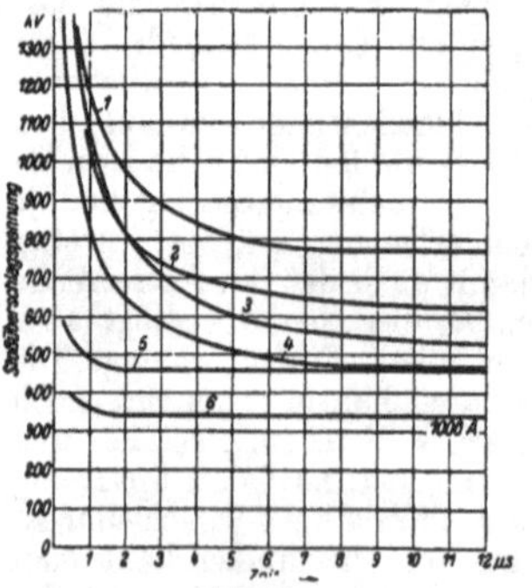

Abb. 42.

		Schlagweite:
1	Hängekette 7 Glieder K 3	$a =$ 1100 mm
2	Durchführung	$a =$ 900 ,,
3	Stützer	$a =$ 900 ,,
4	Stabfunkenstrecke	$a =$ 720 ,,
5	Kugelfunkenstrecke 50 cm ∅	$a =$ 190 ,,
6	Überspannungsleiter	

schiedene Stoßkennlinien. Man ersieht daraus, daß bei sehr starkem Überschießen ein Überschneiden der Kurven vorkommen kann, was bei der Bemessung der Isolation elektrischer Hochspannungsanlagen berücksichtigt werden muß.

Durchschlag flüssiger und fester Isolierstoffe. Unsere Kenntnisse über die physikalischen Vorgänge beim Durchschlag flüssiger und fester Isolierstoffe sind noch recht unvollkommen. Man weiß lediglich, daß bei extremer Reinheit der Isolierstoffe der Durchschlag auch ein elektrischer Durchschlag ist und in mancher Hinsicht eine Verwandtschaft mit dem Durchschlag in Gasen zeigt. Extrem reines Öl hat z. B. eine Durchschlagsfestigkeit bis zu 1000 kV/cm und mehr. Bei den technischen Anwendungen kann man aber im allgemeinen nicht mit derartigen Reinheitsgraden rechnen. Beim Öl zeigt sich, daß insbesondere darin suspendierte kleinste Faserteilchen, die vor allem in etwas feuchtem Zustand eine gegenüber dem Öl höhere Dielektritizätskonstante aufweisen und dadurch an die Stelle größter Feldstärke wandern, von entscheidendem Einfluß auf die Durchschlagsfestigkeit sind. Das Zustandekommen derartiger Faserbrücken wird am zweckmäßigsten durch Zwischenschalten von festem Isoliermaterial (Preßspan, Hartpapier) vermieden. Derartige Anordnungen haben es insbesondere im Transformatorenbau ermöglicht, mit recht geringen Abständen auszukommen (z. B. 4,5 cm bei 100 kV).

Auch beim Stoßdurchschlag in Öl tritt eine statistische Streu- und Aufbauzeit auf, welche zusammen den Entladeverzug ergeben. Bei starkem Überschießen können außerordentlich kleine Werte des Entladeverzuges erzielt werden (kleiner als 1 μs bei $U_{\ddot{u}s}/U = 3$). Dies wirkt sich nur deshalb nicht so ungünstig aus, weil andererseits die Durchschlagsstoßfestigkeit in Öl außerordentlich hoch liegt, da sich dabei keine Faserbrücken ausbilden können.

Neben dem Öl hat sich bisher nur Clophen (gechlorter Kohlenwasserstoff) noch bewährt. Seine Durchschlagsfestigkeit liegt in der Größenordnung von Transformatorenöl. Es ist aber praktisch unbrennbar und wesentlich weniger feuchtigkeitsempfindlich als Öl. Infolge seiner hohen Dielektrizi-

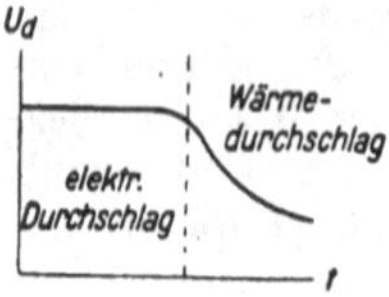

Abb. 43.

tätskonstante von 5 bis 6 wird es mit großem Vorteil für den Bau von Kondensatoren verwendet.

Bei festen Isolierstoffen kommt ein elektrischer Durchschlag nur zustande, wenn es sich um Körper sehr großer Reinheit (Kristalle) handelt, oder wenn die Beanspruchungszeit so kurz ist, daß eine allgemeine Erwärmung des Isoliermaterials praktisch nicht erfolgen kann (Gewitterüberspannung). Bei technischen Geräten handelt es sich bei der Beanspruchung durch die Betriebsspannung fast ausschließlich um eine Gefährdung durch Wärmedurchschlag. Abb. 43 zeigt, daß die Art des Durchschlages von der Beanspruchungsdauer abhängt. Mit zunehmender Beanspruchungsdauer kommt man vom Gebiet des elektrischen in das Gebiet des Wärmedurchschlages, dessen Mechanismus auf S. 43 unter 2. bereits besprochen wurde.

Von großem Einfluß auf die Durchschlagsfestigkeit ist auch die Formgebung der Elektroden. Starke Feldkonzentrationen an den Rändern der Elektroden setzen die Durchschlagspannung weitgehend herab. Da beim Wärmedurchschlag die Wärmeabgabe stark von der Dicke der Isolierschicht, welche im allgemeinen relativ schlechte Wärmeleitfähigkeit hat, abhängt, so ist es verständlich, daß die Durchschlagsfestigkeit (kV/cm) mit abnehmender Schichtdicke größer wird. In Taf. 3 u. 3a ist für die wichtigsten Isoliermaterialien die Durchschlagsfestigkeit im homogenen Feld angegeben. Der Entladeverzug beim Stoßdurchschlag von festen Isolierstoffen liegt verhältnismäßig tief (Größenordnung bei $U_{üs}/U = 2$ für Porzellan und Glas 0,2 μs, für Preßspan 1 μs).

Dielektrische Verluste. Jedes Dielektrikum besitzt eine gewisse Leitfähigkeit, so daß auch bei Beanspruchung mit Gleichspannung ein Verlust $W_1 = U^2 \varrho$ auftritt (U = Spannung, ϱ = spez. Widerstand). Nun zeigt sich aber, daß bei Wechselspannung noch eine zweite Verlustkomponente hinzukommt, welche nach K. W. Wagner den Wert hat:

$$W_2 = \omega U_{\text{eff}}^2 C \operatorname{tg} \delta \qquad (35)$$

ω = Kreisfrequenz; U_{eff} = Effektivwert der Spannung; C = scheinbare Kapazität, die etwas größer als die elektrostatische ist; δ = Verlustwinkel. Die Verluste W_2 werden auf die Inhomogenität der Dielektrika und die damit verbundenen Nachwirkungserscheinungen zurückgeführt. Der Verlustwinkel δ ist direkt ein Maß für W_2. Es wird daher vielfach die Größe von tg δ als ein Kennzeichen für die Güte eines Isoliermaterials angesehen.

Wird bei allmählich zunehmender Spannung fortlaufend die Größe von tg δ gemessen, so stellt man im allgemeinen fest, daß tg δ zunächst zunimmt, dann während längerer Zeit annähernd konstant bleibt, bis im Innern des Isolators entweder die Erwärmung so groß wird, daß das Wärmegleichgewicht gestört wird, oder, was meistens der Fall ist, irgendwo ein Glimmen einsetzt. Es knickt dann die Kurve von tg δ ab. Die Verluste nehmen von da ab sehr viel schneller zu. Es ist wichtig, daß die Spannungsbeanspruchung im normalen Betrieb unterhalb der Knickstelle der Verlustkurve liegt.

Nur vereinzelte kleine Glimmstellen, die aber trotzdem Ausgangspunkte für einen Durchschlag sein können, lassen sich im allgemeinen mit der normalen Verlustwinkelmessung nicht feststellen. Hier hat es sich als zweckmäßig erwiesen, den Verluststrom mit Hilfe eines Braunschen Rohres fortlaufend zu beobachten. Im Augenblick, in dem an irgendeiner Stelle ein Glimmen auftritt, verändert sich der bis dahin glatte Stromverlauf.

W_2 ist zudem proportional der Frequenz. Die Frage der dielektrischen Verluste ist daher bei hohen Spannungen und hohen Frequenzen von ganz besonderer Bedeutung. In Tafel 3 u. 3a sind einige Werte für tg δ zusammengestellt.

3. Kapitel

Die thermische Beanspruchung. Stromverdrängung

Überblick. Elektrische Schaltgeräte werden entweder von Strömen, die in der Größenordnung ihres Nennstromes liegen, während lang andauernder Zeit durchflossen, oder es treten

Überströme und Kurzschlußströme während mäßig langer bzw. sehr kurzer Zeit auf. Da die Strombahn des Gerätes Leitungs- und Übergangswiderstände aufweist, treten Joulesche Verluste auf, welche eine Erwärmung des Schaltgerätes bedingen. Unsere Aufgabe besteht darin, unter Zugrundelegung des im allgemeinen gegebenen Stromverlaufs die Temperatur bzw. ihren zeitlichen Verlauf bei Belastung mit Nennstrom, Überstrom und Kurzschlußstrom zu ermitteln. Da eine allgemeine Lösung des Problems nicht durchführbar ist, untersuchen wir idealisierte Anordnungen. Die Rechnungen geben einen Einblick in die allgemeinen Zusammenhänge und ermöglichen es, insbesondere auch aus Messungen an einem Modell oder an einer bestimmten Type die Erwärmungsverhältnisse bei Vergrößerung oder Verkleinerung näherungsweise vorauszuberechnen.

Die für Schaltgeräte zulässigen Übertemperaturen sind für Belastungen mit Nennstrom meist durch entsprechende Vorschriften festgelegt. Bei Kurzschluß dürfen keine so hohen Erwärmungen auftreten, daß das Schaltgerät Schaden erleidet; insbesondere dürfen die Kontakte nicht zusammenschweißen und kein Spratzfeuer an den Verbindungsstellen auftreten.

Die abgeleiteten Beziehungen gelten zunächst streng genommen nur für Gleichstrom, d. h. gleichmäßige Stromverteilung über den Querschnitt. Solange die Leiterabmessungen hinreichend klein sind (entsprechend einer Nennstromstärke bis etwa 1000 A), sind die Formeln in Annäherung auch für Wechselstrom von 50 Hz anwendbar. Die Verallgemeinerung für große Querschnitte und höhere Frequenzen wird im letzten Abschnitt behandelt.

Aufstellung der Differentialgleichung für die Erwärmung eines gestreckten Leiters. In Abb. 44 bedeuten L_1 und L_2 zwei unendlich lange zylindrische Leiter, die an der Stelle $x = 0$ aneinanderstoßen; sie seien in Richtung des Pfeiles von dem Gleichstrom I durchflossen. Infolge der Verluste in den Leitern L_1 und L_2 und in der Übergangsstelle erwärmt sich das ganze System. Wir denken uns an den Stellen 0, x_1, x_2 Thermometer angebracht, die alle zu einer bestimmten Zeit abgelesen

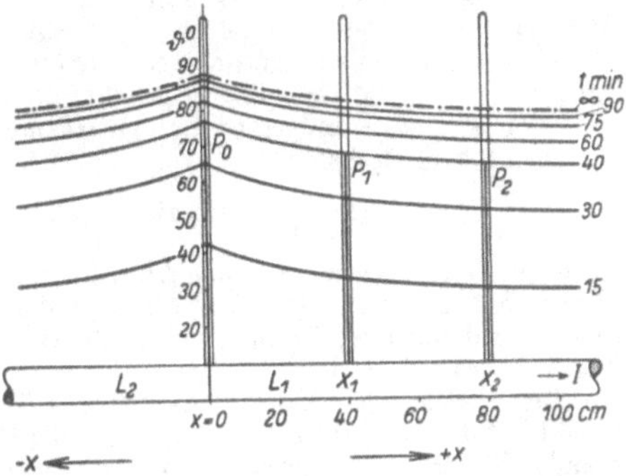

Abb. 44.

werden. Da in der Übergangsschicht mehr Wärme erzeugt wird als an den anderen Punkten der Leiter L_1 und L_2, wird dort die Temperatur am höchsten sein. Verbindet man die Endpunkte der Quecksilberfäden P_0, P_1, P_2, so erhält man z. B. die Kurve $t = 40$ min, welche für diesen Zeitpunkt die Temperatur des Systems für jede Stelle x wiedergibt. Macht man die Ablesungen für verschiedene Zeiten, so erhält man die in Abb. 44 aufgetragene Kurvenschar. Daraus kann nun für jede Zeit t und jede Stelle x die Temperatur ϑ entnommen werden. — Wir sehen klar, daß im allgemeinen die Temperatur eines stromdurchflossenen Körpers nicht nur von der Zeit, sondern auch vom Ort abhängig ist, oder, mathematisch ausgedrückt: $\vartheta = f(x, t)$.

Das Grundgesetz des Wärmeaustausches in homogenen Körpern lautet: Die Wärmemenge, die in dem Zeitelement dt durch die Fläche F fließt, ist proportional $F \cdot dt$, multipliziert mit dem Temperaturgefälle längs der Flächennormalen; die Wärmemenge fließt dabei immer von Orten höherer Temperatur nach Orten niedrigerer Temperatur. — In Abb. 45 bedeutet F das Flächenelement, x die Normale zu F, ϑ den Verlauf der Temperatur. Der Unterschied zwischen Abb. 45a und Abb. 45b besteht darin, daß beim Fortschreiten längs der Nor-

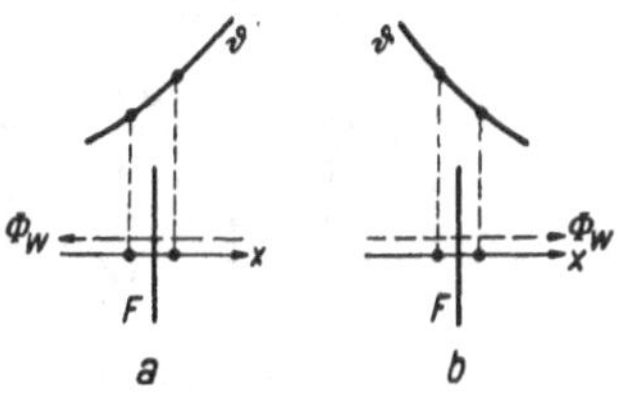

Abb. 45.

malen x die Temperatur in Abb. 45a zunimmt, während sie in Abb. 45b abnimmt. Der Wärmefluß Φ_w fließt immer in Richtung der abnehmenden Temperatur, also in Abb. 45a entgegen der Zunahme von x, in Abb. 45b in gleicher Richtung mit der Zunahme von x. Das Grundgesetz für den Wärmeaustausch lautet somit in mathematischer Form:

$$dq = -\lambda F dt \frac{\partial \vartheta}{\partial x} = \Phi_w dt \qquad (1)$$

Das Minuszeichen berücksichtigt, wie aus Abb. 45 ersichtlich ist, daß der Wärmefluß bei positivem Temperaturgefälle entgegen, bei negativem Temperaturgefälle in gleicher Richtung wie die positive Zunahme von x erfolgt.

Stoßen in einer Fläche zwei Medien verschiedener Temperatur zusammen, so lehrt die Erfahrung, daß die durch die Oberfläche O übertretende Wärmemenge proportional ist Odt, multipliziert mit dem Temperatursprung $\vartheta - \vartheta_0$ an der Fläche O, also:

$$dq = \alpha O dt (\vartheta - \vartheta_0) \qquad (2)$$

λ nennt man die Wärmeleitfähigkeit, α die Wärmeübergangszahl[1]). Sowohl λ wie α sind nur in erster Annäherung als konstant anzusehen; im allgemeinen sind sie Funktionen der Temperatur. α ist insbesondere auch noch abhängig von der Beschaffenheit der Übergangsfläche. Der Wärmeübergang findet durch Strahlung und Konvektion statt. Man kann daher die Wärmeübergangszahl α aufteilen in

$$\alpha = \alpha_S + \alpha_K.$$

Zur Bestimmung von α_S und α_K an einer senkrecht stehenden Wand können nachstehende Werte benutzt werden, wobei $\alpha_S = \varepsilon \cdot \alpha'_S$. Hierin bedeutet α'_S die Wärmeübergangszahl des schwarzen Körpers und ε das sog. Grauverhältnis.

Wärmeübergangszahl des schwarzen Körpers bei Strahlung α'_S

$\vartheta - \vartheta_0$	α'_S [W/cm², °C] bei einer Raumtemperatur in °C von:		
°C	20	30	40
	$\times 10^{-4}$	$\times 10^{-4}$	$\times 10^{-4}$
20	6,4	7,1	7,7
50	7,5	8,2	8,9
100	9,5	10,3	11,3

[1]) Die Dimension von λ ist: $[\lambda] =$ W/cm, °C (siehe Tafel 3 u. 4 S. 134-137)
Die Dimension von α ist: $[\alpha] =$ W/cm², °C (siehe Tafel 5 S. 138).

Grauverhältnis ε

Werkstoff	ε
Aluminium, roh	0,07
Aluminium, poliert	0,05
Blei, grau oxydiert	0,28
Eisen, vernickelt	0,08
Eisen, verzinkt	0,25
Eisenblech, frisch abgeschmirgelt .	0,24
Eisenblech, mit Rostschicht . . .	0,65
Eisenblech, schwarz lackiert . . .	0,88
Eisenblech, weiß lackiert	0,90
Gußeisen, frisch abgedreht.	0,44
Gußeisen, roh (mit Gußhaut) . . .	0,81
Stahlblech, Walzhaut	0,65
Stahlblech, Oxydschicht	0,80
Kupfer, poliert	0,04
Kupfer, geschabt	0,09
Kupfer, schwarz oxydiert	0,78
Messing, poliert.	0,05
Messing, gewalzt	0,07
Messing, frisch abgeschmirgelt . . .	0,20
Nickelin	0,26

Wärmeübergangszahl bei Konvektion α_K

(Senkrechte Fläche der Höhe h in ruhender Luft)

$\vartheta - \vartheta_0$	α_K [W/cm², °C] bei $h =$			
°C	5	10	20	80 cm
	$\times 10^{-4}$	$\times 10^{-4}$	$\times 10^{-4}$	$\times 10^{-4}$
20	6	5	4,2	3
50	7,6	6,3	5,3	3,7
100	9,1	7,5	6,2	4,4

Beispiel: Für ein Stahlblech von $h = 20$ cm erhält man bei $\vartheta - \vartheta_0 = 50^0$; $\vartheta_0 = 20^0$: $\alpha = 0{,}65 \cdot 7{,}5 \times 10^{-4} + 5{,}3 \times 10^{-4} = 10 \cdot 10^{-4}$ W/cm², °C. — Faustregel: $\alpha \approx 14$ W/m², °C.

Um auf die Differentialgleichung für die Erwärmung eines gestreckten Leiters mit dem konstanten Querschnitt F zu kommen, denken wir uns in Abb. 44 an den Stellen x und $x + dx$ zwei Ebenen senkrecht zur Leiterachse gelegt. Diese schneiden das Volumenelement Fdx heraus. Wir untersuchen nun, wieviel Wärme in dieses Element eindringt, in ihm erzeugt und nach außen abgegeben wird. Die Temperatur an der Stelle x beträgt ϑ, das Temperaturgefälle $-\frac{\partial \vartheta}{\partial x}$. Die Temperatur an der Stelle $x + dx$ wird:

$$\vartheta + \frac{\partial \vartheta}{\partial x} dx$$

und das Gefälle:

$$-\frac{\partial}{\partial x}\left[\vartheta + \frac{\partial \vartheta}{\partial x} dx\right]$$

Durch die Fläche F_x tritt in der Zeit dt eine Wärmemenge:

$$-\lambda F dt \frac{\partial \vartheta}{\partial x} \tag{3}$$

Durch die Fläche F_{x+dx} fließt eine Wärmemenge ab:

$$-\lambda F dt \left[\frac{\partial \vartheta}{\partial x} + \frac{\partial^2 \vartheta}{\partial x^2}\right] dx \tag{4}$$

Bedeutet s den Umfang des Leiters an der Stelle x, so tritt durch die Oberfläche des Volumenelementes eine Wärmemenge aus:

$$\alpha s dx dt (\vartheta - \vartheta_0) \tag{5}$$

Dabei bedeutet ϑ_0 z. B. die Temperatur der umgebenden Luft. In dem Volumenelement wird durch die Jouleschen Verluste, die der Strom I erzeugt, während der Zeit dt eine Wärme entwickelt von:

$$j^2 \varrho \cdot F dx dt = a F dx dt \tag{6}$$

$$a = j^2 \varrho \tag{7}$$

$j =$ Stromdichte in A/cm², $\varrho =$ spezifischer Widerstand in Ω cm (Widerstand eines Würfels mit der Seitenlänge 1 cm). a bedeutet somit die in der Volumeneinheit während einer Sekunde erzeugte Wärme in Watt. (3) und (6) geben die Wärmeaufnahme, (4) und (5) die Abgabe. Die Wärmezunahme des Volumenelementes wird somit:

$$dQ = \lambda F \frac{\partial^2 \vartheta}{\partial x^2} dx dt - \alpha s (\vartheta - \vartheta_0) dx dt + a F dx dt \tag{8}$$

Bedeutet c die spezifische Wärme in Ws/cm³, °C, so ist die Wärmemenge, die zur Temperaturerhöhung $d\vartheta$ des Volumenelementes $F\,dx$ erforderlich ist:

$$F\,dx\,c\,\frac{\partial\vartheta}{\partial t}\,dt \tag{9}$$

Diese Wärmemenge muß gleich sein der gesamten in das Element eintretenden Wärme dQ. Es ergibt sich somit:

$$cF\,\frac{\partial\vartheta}{\partial t} = \lambda F\,\frac{\partial^2\vartheta}{\partial x^2} - \alpha s\,(\vartheta - \vartheta_0) + aF \tag{10}$$

Eine allgemeine Lösung der partiellen Differentialgleichung (10) bei bestimmten Anfangs- und Randbedingungen würde hier zu weit führen. Wir betrachten lediglich einige Sonderfälle, die für den Bau von Schaltgeräten von besonderer Wichtigkeit sind.

Erwärmung eines unendlich langen homogenen Drahtes von konstantem Querschnitt F, durch den der Strom I fließt. Die Temperatur muß notwendig in allen Punkten des Drahtes die gleiche sein. Eine Abhängigkeit von x ist nicht vorhanden. In (10) ist also $\frac{\partial^2\vartheta}{\partial x^2} = 0$, und es ergibt sich folgende Differentialgleichung zur Berechnung der Temperatur:

$$\frac{d\vartheta}{dt} + \frac{\alpha s}{cF}(\vartheta - \vartheta_0) - \frac{a}{c} = 0 \tag{11}$$

Sie läßt sich in einfacher Weise lösen; man findet:

$$\vartheta - \vartheta_0 = \frac{aF}{\alpha s}\left[1 - e^{-\frac{\alpha s}{cF}\cdot t}\right] \tag{12}$$

Die Endübertemperatur, die der Leiter erreicht, ist:

$$\vartheta_e = \frac{aF}{\alpha s} = \frac{j^2\varrho F}{\alpha s} \tag{13}$$

Die Zeitkonstante der Erwärmungskurve (vgl. Abb. 46) ergibt sich zu:

$$\tau = \frac{cF}{\alpha s} = \frac{cG}{\alpha\gamma O}, \tag{14}$$

worin γ das spezifische Gewicht pro cm^3, und O die dem Gewicht G entsprechende Oberfläche ist.

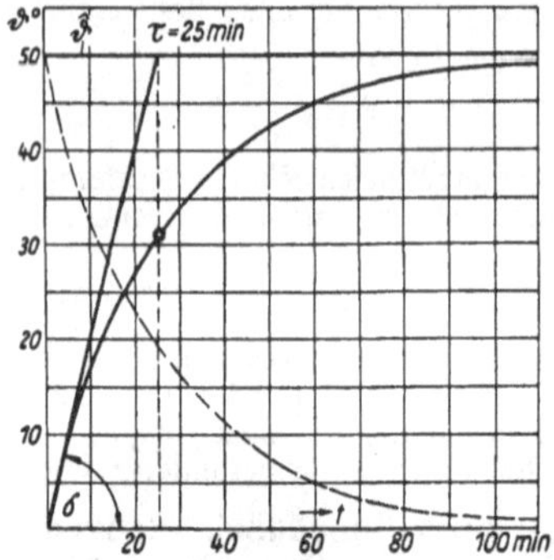

Abb. 46.

Aus (13) geht hervor, daß die Endübertemperatur mit dem Quadrat der Stromdichte wächst und umgekehrt proportional dem Produkt αs ist, während die Zeitkonstante gemäß (14) proportional dem Gewicht G und umgekehrt proportional der Oberfläche O ist. G und O sind bezogen auf die gleiche Länge x des Leiters oder auf die Längeneinheit.

Setzt man in (11) $a = j^2\varrho = 0$, so erhält man eine Beziehung, welche die Abkühlung eines auf die Temperatur ϑ_e erwärmten Leiters gibt. Es ist:

$$(\vartheta - \vartheta_0) = (\vartheta_e - \vartheta_0)\, e^{-\frac{\alpha s}{cF} t} \qquad (15)$$

Man erkennt, daß die Zeitkonstante für den Abkühlungsvorgang die gleiche ist wie für die Erwärmung. Der Verlauf der abnehmenden Temperatur ist in Abb. 46 gestrichelt eingetragen.

Für manche Zwecke ist es wichtig, die für eine zulässige Übertemperatur entsprechende Stromstärke ermitteln zu können. Führt man in (13) an Stelle der Stromdichte die Gesamtstromstärke ein, so erhält man:

$$I = \sqrt{\frac{\alpha}{\varrho} \cdot F s \vartheta_e} \qquad (16)$$

Für einen Kupferleiter in ruhender Luft erhält man mit $\varrho = 0{,}017 \cdot 10^{-4}\,\Omega$ cm und $\alpha = 10 \cdot 10^{-4}$ W/cm², °C (siehe Tafel 4 und 5) als Näherungsformel:

$$I = 24\sqrt{F s \vartheta_e} \quad [\mathrm{A}] \tag{17}$$

Handelt es sich um einen kreisförmigen Querschnitt mit dem Durchmesser d, so lassen sich F und s durch d ausdrücken, und es wird:

$$d = 0{,}09 \sqrt[3]{\frac{I^2}{\vartheta_e}} \quad [\mathrm{cm}] \tag{17a}$$

Die Beziehung (16) leistet oft gute Dienste für die Umrechnung von Gerätetypen auf andere Stromstärken bei gleicher Endübertemperatur. Man bestimmt zweckmäßig an einem Modell die Größe α/ϱ und darf dann in Annäherung annehmen, daß diese bei Vergrößerung der Type sich nur wenig verändert.

Erwärmung eines rohrförmigen Leiters, durch dessen Inneres ein Kühlmittel strömt[1] (vgl. Abb. 47). In Wirklichkeit liegen die Verhältnisse so, daß bei Flüssigkeiten die Strömungsgeschwindigkeit an der Innenwand gleich Null ist und dann je nachdem, ob es sich um laminare oder turbulente Strömung handelt, die Wärme in ziemlich verwickelter Weise auf das strömende Kühlmittel übertragen wird.

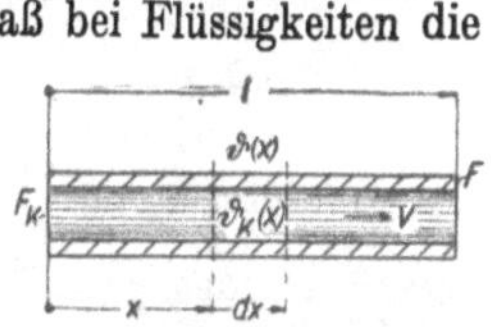

Abb. 47.

Zur Vereinfachung nehmen wir an, daß das Kühlmittel eine über den Querschnitt konstante Strömungsgeschwindigkeit habe und erfassen den an sich komplizierten Vorgang der Wärmeübertragung durch entsprechende Festlegung der Wärmeübergangszahl (vgl. Tafel 7). Für den Stromleiter gilt die Differentialgleichung (10) mit der einzigen Änderung, daß an Stelle von ϑ_0 die Temperatur des Kühlmittels $\vartheta_K(x)$ an dem Ort x zu setzen ist. Betrachten wir lediglich den stationären Endzustand, dann muß die in der Zeiteinheit auf dem Abschnitt dx vom Leiter auf das Kühlmittel übertretende Wärmemenge gleich sein der Vermehrung des Wärmeinhalts des in der Zeiteinheit vorbeiströmenden Volumenelements, welcher gegeben

[1]) Die an sich geringe Wärmeleitfähigkeit der technischen Kühlmittel ist vernachlässigt.

ist durch $c_K v F_K d\vartheta_K$, wobei c_K die spezifische Wärme der Flüssigkeit ist. Man erhält somit:

$$\frac{d\vartheta_K}{dx} = \frac{\alpha s}{c_K v F_K} \cdot (\vartheta - \vartheta_K) \tag{18}$$

Aus den Gleichungen (1), (10) und (18) ergibt sich eine Differentialgleichung 3. Ordnung, welche sowohl für die Leiter- als auch die Kühlmitteltemperatur gilt. Ihre Lösung lautet, bezogen auf den Leiter:

$$\vartheta = \vartheta(0) + A(e^{\beta_1 x} - 1) + B(e^{\beta_2 x} - 1) + \frac{Fa}{F_K c_K v} \cdot x \tag{19}$$

Eine analoge Gleichung, nur mit anderen Integrationskonstanten, ergibt sich für ϑ_K. Als Randbedingungen kommen in Frage:

$$\begin{aligned} x = 0: &\qquad \vartheta_K = \vartheta_K(0); \quad \left(\frac{d\vartheta}{dx}\right)_0 = 0 \\ x = l: &\qquad \left(\frac{d\vartheta}{dx}\right)_l = 0 \end{aligned} \tag{20}$$

Das Nullsetzen von $\left(\frac{d\vartheta}{dx}\right)$ rührt daher, daß voraussetzungsgemäß an den Stirnflächen des Leiters nach außen kein axialer Wärmestrom auftreten soll.

Aus den beiden Differentialgleichungen (10) und (18) erhält man unter Berücksichtigung von (20) drei weitere Bedingungsgleichungen, wodurch sämtliche Integrationskonstanten einschließlich $\vartheta(0)$ bestimmt sind. Man findet, was aus der Gesamtenergiebilanz auch unmittelbar zu ersehen ist, zudem noch nachstehenden Zusammenhang zwischen der Erwärmung des Kühlmittels und der Strömungsgeschwindigkeit:

$$I^2 R = aFl = c_K F_K v[\vartheta_K(l) - \vartheta_K(0)] \tag{21}$$

Darf man auch die Wärmeleitfähigkeit λ des Leiters vernachlässigen, so vereinfachen sich die Beziehungen außerordentlich. Man erhält dann:

$$\vartheta_K = \vartheta_K(0) + \frac{aF}{c_K F_K v} \cdot x \tag{22}$$

$$\vartheta = \vartheta_K(0) + \frac{aF}{\alpha s} + \frac{aF}{c_K F_K v} \cdot x \qquad (22a)$$

Nach einer Abschätzung von E. Pawelka ist die heißeste Stelle $\vartheta(l)$ bei Berücksichtigung der Wärmeleitung des Leiters um einen Betrag Δ kleiner, der sich aus nachstehender Gleichung entnehmen läßt;

$$\Delta = 2 \cdot \frac{\vartheta_K(l) - \vartheta_K(0)}{l} \sqrt{\frac{\lambda F_K}{\alpha s}} \qquad (23)$$

Erwärmung bei aussetzendem Betrieb. Wir nehmen an, daß der Stromleiter während eines Zeitintervalles Δt_1 jeweils vom Strom durchflossen und während des darauffolgenden Zeitintervalles Δt_2 stromlos sei (vgl. Abb. 48). Die Außentemperatur ϑ_0 sei Null. Mit Hilfe von (12) können wir den Temperaturanstieg und insbesondere auch die höchste Temperatur ϑ_1 nach Ablauf von Δt_1 ermitteln. Anschließend daran folgt eine Abkühlung auf ϑ_2 während der Zeit Δt_2, deren Verlauf mit Hilfe von (15) bestimmt werden kann.

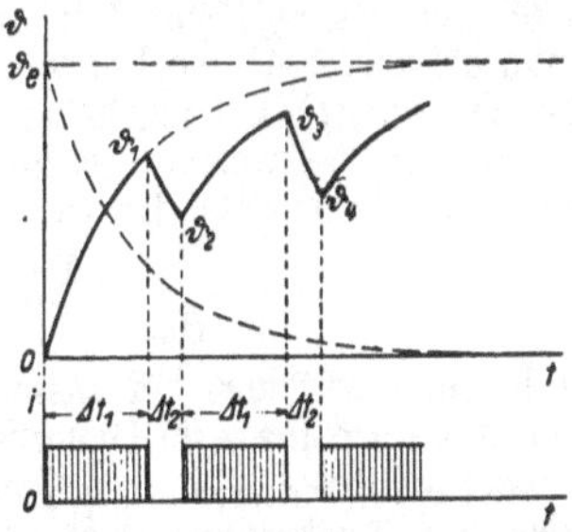

Abb. 48.

Es folgt dann wieder ein Anstieg, für den nun mit den Bezeichnungen der Abb. 48 die Anfangsbedingungen lauten: $t = \Delta t_1 + \Delta t_2$, $\vartheta = \vartheta_2$. Damit findet man für die Integrationskonstante $C = \vartheta_2 - \vartheta_e$. Eingesetzt erhält man dann:

$$\vartheta_3 = \vartheta_e - (\vartheta_e - \vartheta_2)\, e^{-\beta\, \Delta t_1}; \; \beta = \frac{\alpha s}{cF} \qquad (24)$$

Die darauf folgende Abkühlung verläuft nach dem Gesetz:

$$\vartheta_4 = \vartheta_3 e^{-\beta\, \Delta t_2} \qquad (25)$$

Führt man dies weiter, so erhält man schließlich für die $2n$-te Abkühlung bzw. den $(2n+1)$-ten Temperaturanstieg nachstehende Beziehung:

$$\vartheta_{2n} = \vartheta_{2n-1}\, e^{-\beta \Delta t_2} = \vartheta_{2n-1} \cdot A_2 \tag{26}$$

$$\vartheta_{2n+1} = \vartheta_e - (\vartheta_e - \vartheta_{2n})\, e^{-\beta \Delta t_1} = \vartheta_e - (\vartheta_e - \vartheta_{2n}) \cdot A_1 \tag{27}$$

Darin bedeutet: $A_1 = e^{-\beta \Delta t_1}$ und $A_2 = e^{-\beta \Delta t_2}$.

Geht $n \to \infty$, so wird schließlich:

$$\vartheta_{2n+1} = \vartheta_{2n-1} = \vartheta_\infty \tag{28}$$

Damit findet man aus (26) und (27) folgende Beziehung:

$$\vartheta_\infty = \frac{1 - A_1}{1 - A_1 A_2} \cdot \vartheta_e \tag{29}$$

Ist $\Delta t_2 = 0$, so entspricht dies $A_2 = 1$, und man erkennt aus (29), daß dann $\vartheta_\infty = \vartheta_e$ wird, d. h. die Übertemperatur stimmt mit dem stationären Betrieb überein. Für $A_1 = A_2 = 0{,}5$ ergibt sich $\vartheta_\infty = \frac{2}{3}\,\vartheta_e$, d. h. unter dieser Bedingung erhält man bei aussetzendem Betrieb nur 66,6% der Endtemperatur bei Dauerbetrieb. Umgekehrt kann man nun die Belastung bestimmen, bei welcher bei aussetzendem Betrieb die gleiche Endtemperatur entsteht wie bei Dauerbetrieb. Man findet:

$$\frac{\vartheta_e}{\vartheta_\infty} = \frac{1 - A_1 A_2}{1 - A_1} = \varkappa, \tag{30}$$

d. h. ein Gerät darf bei aussetzender Belastung $\varkappa$mal höher belastet werden als im Dauerbetrieb.

Sind die Zeitintervalle Δt_1 und Δt_2 nicht konstant, so ermittelt man den Temperaturverlauf am besten graphisch, indem man die Exponentialkurven, welche der Erwärmung von 0 über ϑ_1 bis ϑ_e und der Abkühlungskurve entsprechen, auf Pauspapier zeichnet. Durch jeweilige Parallelverschiebung nach den Punkten ϑ_1, ϑ_2 usw. kann man die darauffolgende Erwärmung bzw. Abkühlung auftragen und so in einfacher Weise den Temperaturverlauf bestimmen.

Die Vorgänge an der Kontaktstelle. Durch die umfangreichen Untersuchungen von R. Holm sind die Vorgänge, welche sich an der Übergangsstelle zweier Kontakte abspielen, ziemlich genau bekannt. Die Berührung erfolgt demnach niemals flächenhaft, sondern es kommen zunächst nur hervorstehende Spitzen der Oberfläche in direkte metallische Berührung. Diese Spitzen werden schon bei kleinem Druck über die Elastizitätsgrenze hinaus beansprucht und damit plastisch verformt. Mit zunehmendem Druck kommen immer weitere Punkte zur Berührung, und es ist daher verständlich, daß der Kontaktwiderstand mit steigendem Druck abnehmen muß.

Für punktförmige Kontakte erhält man nach Binder folgende einfache Beziehung für die Ermittlung des Übergangswiderstandes:

$$R_k = \frac{C}{\sqrt{P}} \tag{31}$$

Hierbei bedeutet P den gesamten Kontaktdruck in kg.

Holm hat aus der Analogie zwischen dem Temperatur- und Potentialfeld in der Umgebung eines Kontaktes nachstehenden in Näherung gültigen Zusammenhang für die Temperatur des Berührungspunktes abgeleitet:

$$\vartheta = \frac{U_k^2}{8\lambda\varrho} \tag{32}$$

Darin bedeutet U_k den Spannungsabfall an der Kontaktstelle. Aus (32) geht hervor, daß ϑ unter den gemachten Voraussetzungen zunächst unabhängig von den Abmessungen der Kontaktstücke ist.

Für Temperaturen bis etwa 200° C gilt für die Temperaturabhängigkeit des Kontaktwiderstandes die Beziehung:

$$R_k = R_{k0}\,(1 + \tfrac{2}{3}\,\bar{\alpha}\vartheta) \tag{33}$$

Darin bedeutet $\bar{\alpha}$ den Temperaturkoeffizienten des Kontaktmaterials.

Um den Temperaturverlauf an einer Kontaktstelle zu ermitteln, ist es notwendig, den Begriff des Engewiderstandes zu kennen. Wir denken uns in einem unendlich ausgedehnten Halbraum mit dem spez. Widerstand ϱ eine Kugel mit dem Radius r_0 zur Hälfte versenkt (vgl. Abb. 49). Der Strom werde der Kugel im Halbraum A zugeführt und fließe von ihr in den umgebenden Halbraum B. Die Stromlinien sind dann Radien. Man findet für den Engewiderstand:

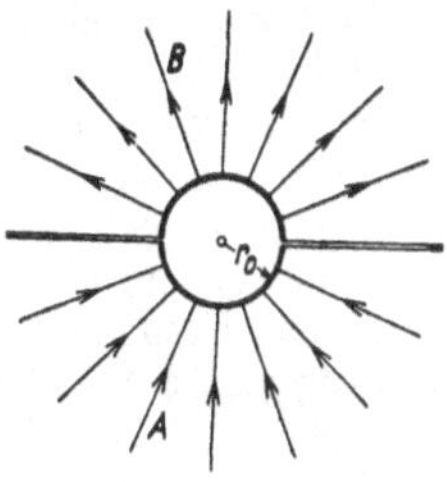

Abb. 49.

$$R_e = \frac{R_k}{2} = \int_{r_0}^{\infty} \frac{\varrho dr}{2\pi r^2} = \frac{\varrho}{2\pi r_0} \tag{34}$$

Bezogen auf einen Kontakt, bestehend aus zwei Halbräumen, ergibt sich dann für den Kontaktwiderstand:

$$R_k = \frac{\varrho}{\pi r_0} \tag{35}$$

Nimmt man an Stelle der Kugel mit dem Radius r_0 eine kreisförmige Übergangsfläche mit dem Radius r_0 an, so erhält man einen etwas größeren Kontaktwiderstand:

$$R_k' = \frac{\varrho}{2 r_0} \tag{35a}$$

Der Kontaktdruck P ist gleich der Berührungsfläche multipliziert mit der Härte H, also:

$$P = \pi r_0^2 \cdot H \tag{36}$$

Zusammen mit (35a) erhält man nun wieder die Formel (31) mit dem Unterschied, daß nun die Konstante C näherungsweise berechnet werden kann:

$$R_k = \frac{\sqrt{\pi}}{2} \cdot \varrho \sqrt{\frac{H}{P}} = \frac{C}{\sqrt{P}} \tag{37}$$

Meist besteht aber die Übergangsfläche nicht aus einem einzigen Punkt, sondern aus n derartigen Übergangsstellen (Siebwiderstand). Da mit wachsendem Kontaktdruck sowohl die Zahl n als auch der Radius r_0 der einzelnen Berührungspunkte zunehmen, beide Größen sich aber rechnerisch nicht ermitteln lassen, kann der Kontaktwiderstand eines flächenförmigen Kontaktes nur näherungsweise aus einem Erfahrungsgesetz entnommen werden. Es lautet:

$$R_k = \frac{C_n \varrho}{P^{\varkappa}}, \tag{38}$$

wobei $\varkappa = 0{,}7 \ldots 1$. Der kleinere Wert gilt für technisch reine, der größere für oberflächlich gesäuberte Kontaktflächen. Ferner ist für Kupfer:

C_n	Oberflächenbeschaffenheit
45	fein gebürstet
110	grob gebürstet
150	gesandstrahlt

Nachstehend sind schließlich noch einige Werte für die Härte H zusammengestellt:

Kupfer	7500	kg/cm²	(± ca. 25%)
Messing	12000	„	
Silber	6500	„	
Stahl 0012	12000	„	
Wolfram	20000	„	
Kohle (Elektrographit)	1000..3000	„	

Einfluß des Kontaktwiderstandes auf die Gesamterwärmung eines Gerätes. In der Anordnung gemäß Abb. 44 betrage der Kontaktwiderstand an der Stelle $x = 0$: $R_k\,\Omega$. Den spezifischen Widerstand der Körper L_1 und L_2 nehmen wir zu 0 an, d. h. wir untersuchen die Erwärmung des Systems, wenn lediglich in der Übergangsfläche $x = 0$ Wärme erzeugt wird. Unter dieser Voraussetzung wird in (10) $a = 0$. Es bleibt dann eine partielle Differentialgleichung übrig, welche uns die örtliche und räumliche Temperaturverteilung angibt. Da uns vor allem die höchste auftretende Temperatur interessiert, betrachten wir zunächst den stationären Endzustand, d. h. wir sehen von der zeitlichen Veränderung der Temperatur ab und erhalten:

$$\lambda F \frac{d^2\vartheta}{dx^2} = \alpha s\,(\vartheta - \vartheta_0)$$

Der Einfachheit halber werde $\vartheta_0 = 0$ gesetzt, was keine Beschränkung der Allgemeinheit bedingt. Es wird demnach:

$$\frac{d^2\vartheta}{dx^2} = \frac{\alpha s\vartheta}{\lambda F} = \varepsilon^2\vartheta \tag{39}$$

Die Größe $\varepsilon^2 = \frac{\alpha s}{\lambda F}$ ist immer positiv; man erhält als allgemeine Lösung:

$$\vartheta = C_1 e^{\varepsilon x} + C_2 e^{-\varepsilon x} \tag{40}$$

Die Anfangs- und Randbedingungen lauten:

$$\begin{array}{lll} t = 0, & \vartheta = 0 & \text{für jedes } x \\ x = 0, & \vartheta = f(I^2) & \\ x = \infty & \vartheta = 0 & \text{für jedes } t \end{array}$$

Daraus folgt:

$$C_1 = 0; \quad C_2 = \hat{\vartheta} = f(I^2)$$

Somit wird die Temperatur an der Stelle x im stationären Endzustand:

$$\vartheta = \hat{\vartheta} . e^{-\varepsilon x} \tag{41}$$

Es ist klar, daß die Temperaturverteilung symmetrisch zur Übergangsfläche $x = 0$ sein muß. Wir erkennen aus (41), daß die Temperatur exponentiell nach beiden Seiten abklingt; das Ergebnis ist in Abb. 44 für $t = \infty$ aufgetragen.

Es bleibt uns jetzt nur noch übrig, $\hat{\vartheta}$ zu bestimmen. Im stationären Zustand fließt die ganze im Übergangswiderstand erzeugte Wärme durch die beiden Stirnflächen ab. Es muß somit der sekundliche Wärmefluß Φ_w an der Stelle $x = 0$ gleich der auf den Kontaktwiderstand entfallenden Leistung $I^2 R_k$ sein, oder, wenn man pro Kontakthälfte rechnet:

$$(\Phi_w)_{x=0} = \frac{1}{2} I^2 R_k \tag{42}$$

Mit (1) erhält man:

$$-\lambda F \left(\frac{d\vartheta}{dx}\right)_{x=0} = \frac{1}{2} I^2 R_k \tag{43}$$

Setzt man in (43) für ϑ den Wert aus (41) ein, so wird:

$$\hat{\vartheta} = \frac{I^2 R_k}{2\lambda F \varepsilon} . \tag{44}$$

Für kreisförmigen Querschnitt mit dem Radius r läßt sich (44) in nachstehende Beziehung umformen:

$$\hat{\vartheta} \approx 0{,}112 \frac{I^2 R_k}{\sqrt{\lambda \alpha r^3}} . \tag{45}$$

Etwas schwieriger ist es, den zeitlichen Temperaturverlauf in der Übergangsstelle selbst zu ermitteln. Setzen wir in (10) a und $\alpha = 0$ (keine Jouleschen Verluste in den Leitern L_1 und L_2, Wärmeabfluß lediglich axial), so müssen wir nachstehende Differentialgleichung bei den bereits angeführten Anfangs- und Randbedingungen lösen:

$$\frac{\partial\vartheta}{\partial t} = \frac{\lambda}{c} \cdot \frac{\partial^2\vartheta}{\partial x^2} = k^2 \frac{\partial^2\vartheta}{\partial x^2} \tag{46}$$

Wir führen zur Lösung nach Heaviside den Operator $p = \frac{\partial}{\partial t}$ ein und erhalten dann die gewöhnliche Differentialgleichung:

$$k^2 \frac{d^2\vartheta}{dx^2} - p\vartheta = 0 \tag{47}$$

Ihre Lösung lautet unter der Berücksichtigung, daß für $x = 0$ (43) gilt, und daß ϑ für $x = \infty$ verschwindet:

$$\vartheta = \frac{I^2 R_k}{2F\sqrt{\lambda c}} \cdot \frac{e^{-\frac{x\sqrt{p}}{k}}}{\sqrt{p}} \tag{48}$$

Für $x = 0$ ergibt sich:

$$\vartheta = \frac{I^2 R_k}{2F\sqrt{\lambda c}} \cdot \frac{1}{\sqrt{p}} \tag{49}$$

Der Operatorengleichung $f(p) = \frac{1}{\sqrt{p}}$ entspricht bekanntlich:

$$A(t) = 2\sqrt{\frac{t}{\pi}}$$

Somit folgt aus (49):

$$\vartheta(0, t) = \frac{I^2 R_k}{F\sqrt{\pi\lambda c}} \cdot \sqrt{t} \tag{50}$$

Aus (50) erkennt man, daß die Temperatur an der Kontaktstelle mit der Wurzel aus der Zeit ansteigt. Für den zeitlichen Anstieg der Temperatur findet man:

$$\left(\frac{\partial\vartheta}{\partial t}\right)_{x=0} = \frac{I^2 R_k}{2F\sqrt{\pi\lambda c}} \cdot \frac{1}{\sqrt{t}}, \tag{51}$$

woraus hervorgeht, daß zur Zeit $t = 0$ die Temperatur senkrecht ansteigt.

Die Lösung der eben behandelten Aufgabe unter Berücksichtigung einer Wärmeabgabe an der Oberfläche der Leiter L_1 und L_2 wird möglich durch die Transformation:

$$\vartheta = e^{-\frac{\alpha s}{cF}t} \cdot v(x, t)$$

Man erhält unter sinngemäßer Änderung der Randbedingungen für $x = 0$:

$$\vartheta(0, t) = \frac{I^2 Rk}{2F\sqrt{\pi\lambda c}} \int\limits_0^{\tau=t} \frac{e^{-\frac{\alpha s}{cF}(t-\tau)}}{\sqrt{t-\tau}} d\tau \qquad (52)$$

Die Kurzschlußerwärmung eines homogenen Leiters. Für viele praktische Fälle ist es von Wichtigkeit, den Anstieg der Temperatur bei sehr hoher Stromdichte zu kennen (z. B. Erwärmung von Kabeln bei Kurzschluß, Temperaturverlauf in den Schmelzleitern einer Sicherung u. dgl.). Da es sich in diesen Fällen immer um sehr kurzzeitige Vorgänge handelt, kann ohne merklichen Fehler die Wärmeabgabe an die Umgebung vernachlässigt werden, d. h. es wird $\alpha = 0$ gesetzt. Die Differentialgleichung lautet:

$$\frac{d\vartheta}{dt} = j^2 \frac{\varrho}{c} = \frac{a}{c}, \qquad (53)$$

als Lösung erhält man:

$$\vartheta - \vartheta_0 = \frac{a}{c} t \qquad (54)$$

(54) sagt aus, daß die Temperatur eines Drahtes linear mit der Zeit zunimmt. Der Anstieg der Temperatur stimmt überein mit dem Anstieg zur Zeit $t = 0$ bei Wärmeabgabe.

Im allgemeinen ist es aber bei den starken Erwärmungen, die bei dieser Art der Beanspruchung auftreten, nicht mehr zulässig, den spezifischen Widerstand ϱ und die spezifische Wärme c als konstant anzusehen. Man findet nach Avramescu als sehr gute Näherung:

$$\frac{\varrho}{c} = \frac{\varrho_0}{c_0}(1 + \bar{\alpha}\vartheta - \bar{\beta}\vartheta^2) \qquad (55)$$

Für Kupfer ist $\bar{\alpha} = 0{,}00420$; $\bar{\beta} = 1{,}01 \cdot 10^{-6}$,

für Aluminium ist $\bar{\alpha} = 0{,}00352$; $\bar{\beta} = 1{,}50 \cdot 10^{-6}$.

Infolge der Kleinheit von $\bar{\beta}$ genügt es im allgemeinen, mit dem linearen Glied zu rechnen. Ist der zeitliche Verlauf der Stromdichte gegeben durch $j(t)$, so ergibt sich für den Temperaturverlauf mit (53) u. (55) nachstehende Beziehung:

$$\frac{c_0}{\varrho_0}\int_0^{\vartheta}\frac{d\vartheta}{1+\bar{\alpha}\vartheta} = \int_0^t j^2(t)\,dt = J(t), \tag{56}$$

woraus folgt:

$$\vartheta = \frac{1}{\bar{\alpha}}\left(e^{\frac{\bar{\alpha}\varrho_0}{c_0}\cdot J(t)} - 1\right). \tag{57}$$

Aus (57) geht hervor, daß die Temperaturzunahme schneller als linear erfolgt, nämlich nach einer Exponentialfunktion mit positivem Exponenten.

Für die Beurteilung der Vorgänge in Schmelzleitern einer Sicherung kann angenommen werden, daß der Strom bis zum Verdampfen des Schmelzleiters in erster Näherung linear ansteigt. Man erhält dann für das Zeitintegral in (56):

$$\int_0^t j^2(t)\,dt = \int_0^t (bt)^2\,dt = \frac{b^2 t^3}{3} = J(t)$$

Damit wird der Temperaturverlauf:

$$\vartheta = \frac{1}{\bar{\alpha}}\left(e^{\frac{\bar{\alpha}\varrho_0 b^2}{3c_0}\cdot t^3} - 1\right) \tag{57a}$$

Für erste Abschätzungen kann unter der Voraussetzung, daß in dem Leiter entweder Gleichstrom oder ein Wechselstrom mit konstantem Effektivwert fließt, und daß die Erwärmungszeit mindestens einige Halbwellen dauert, das nachstehende Nomogramm vorteilhaft verwendet werden (Abb. 50).

Thermische Beanspruchung von Kontakten bei Kurzschluß. Nach dem Vorhergehenden ist es verständlich, daß man bei der thermischen Beanspruchung der Kontakte bei Kurzschluß ebenfalls die Veränderung des spezifischen Wider-

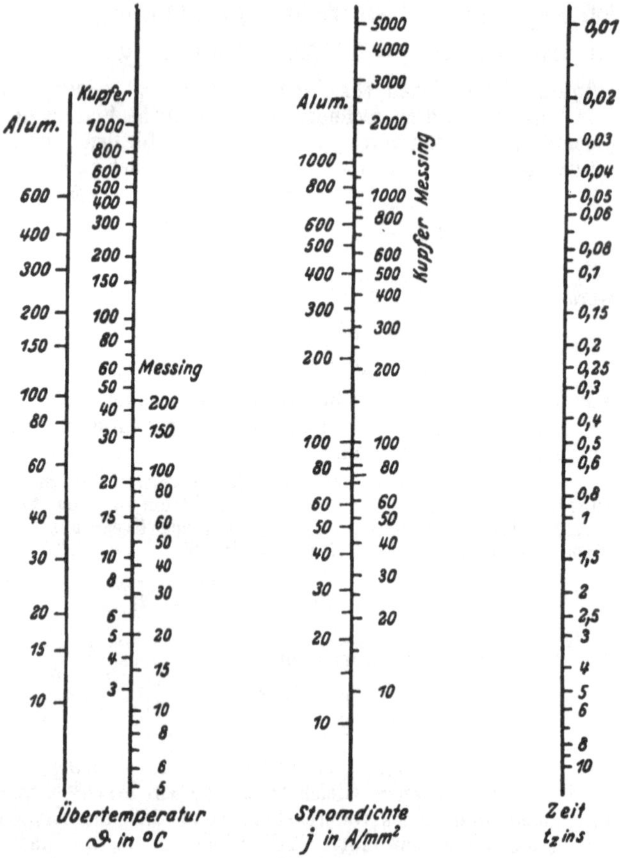

Abb. 50.

standes berücksichtigen müßte. Die mathematische Berechnung des zeitlichen Verlaufs der Temperatur unter diesen Bedingungen macht erhebliche Schwierigkeiten. Wir führen deshalb zunächst eine Erfahrungszahl an. Bei Kurzschluß versuchen in einem Hochleistungs-Prüffeld, bei denen das Gleichstromglied im allgemeinen etwa mit einer Zeitkonstante von 0,1 *s* abfällt, findet man bei Kupferkontakten, welche mit etwa 4 kg punktförmig sich berühren, daß ein Kleben, d. h. eine geringfügige Verschweißung an der Berührungsstelle auftritt, wenn die Amplitude des Kurzschlußstromes einen Wert von etwa 8 kA erreicht. Als Abhängigkeit vom Kontaktdruck P in [kg] findet man für den zulässigen Stoßkurzschlußstrom in [kA]:

$$I_{s\,zul} = 4\sqrt{P} \quad [\text{kA}], \tag{58}$$

was unter Berücksichtigung von (31) und (32) verständlich ist. Große Stoßströme kann man bewältigen, wenn man entweder den Kontaktdruck ganz bedeutend vergrößert, oder — was im allgemeinen einfacher ist — die Zahl der Berührungspunkte erhöht.

Temperaturverteilung und Abbrand bei Kontakten, deren Stirnflächen durch einen Lichtbogen erwärmt werden. Brennt zwischen den Stirnflächen zweier stabförmiger Leiter mit konstantem Querschnitt F ein Lichtbogen, so werden die Endflächen beinahe momentan auf die hohe Temperatur ϑ^* erhitzt. Wir untersuchen nun die Wärmeverteilung in der Umgebung der Unterbrechungsstelle. Mathematisch liegt folgendes Problem vor: Ein zylindrischer Leiter wird an seiner Endfläche momentan auf die Temperatur ϑ^* erhitzt. Wie sieht die Temperaturverteilung aus? Zur Vereinfachung setzen wir a und $\alpha = 0$; die Differentialgleichung lautet dann (vgl. (10)):

$$\frac{\partial\vartheta}{\partial t} = \frac{\lambda}{c}\frac{\partial^2\vartheta}{\partial x^2} = k^2\frac{\partial^2\vartheta}{\partial x^2} \tag{59}$$

Die Anfangsbedingungen sind $t = 0$, $\vartheta = 0$ für jedes $x > 0$, $t = \infty$, $\vartheta = \vartheta^*$ für jedes x. Die Randbedingung lautet:

$$x = 0, \qquad \vartheta = \vartheta^* = \text{konst.}$$

Die allgemeine Lösung der Differentialgleichung ist[1]):

[1]) Vgl. z. B. B. Riemann-Weber Bd. 2, 1919, S. 94; bzw. Frank-v. Mises: Differentialgl. der Physik, 2. Bd. XIII S. 555 Formel 6 mit $u_0 = 0$.

$$\vartheta = \vartheta^* \left[1 - \frac{2}{\sqrt{\pi}} \int\limits_{\beta=0}^{\beta=\frac{x}{2k\sqrt{t}}} e^{-\beta} \, d\beta \right] \tag{60}$$

Wir sehen sofort, daß für $x = 0$ das Integral verschwindet und, wie erforderlich, $\vartheta = \vartheta^*$ wird.

Für $x = \infty$ wird $\vartheta = 0$, da $\int\limits_0^\infty e^{-\beta^2} d\beta = \frac{\sqrt{\pi}}{2}$ und

für $t = \infty$ $\vartheta = \vartheta^*$ für jedes x.

Das Integral in der Klammer ist bekannt unter dem Namen Fehlerintegral[1]). Die Wärmemenge, die eine Kontakthälfte aufnimmt, wird (vgl. (1)):

$$\frac{Q}{2} = \int\limits_0^t \Phi_w dt = -\int\limits_0^t \lambda F \, dt \left(\frac{\partial \vartheta}{\partial x} \right)_{x=0} \tag{61}$$

(60) nach x abgeleitet ergibt:

$$\frac{\partial \vartheta}{\partial x} = -\vartheta^* \frac{2}{\sqrt{\pi}} \cdot \frac{1}{2k\sqrt{t}} \cdot e^{-\frac{x^2}{4k^2t}} \tag{62}$$

Somit erhält man für das Temperaturgefälle an der Stelle $x = 0$:

$$\left(\frac{\partial \vartheta}{\partial x} \right)_{x=0} = \frac{-\vartheta^*}{k\sqrt{\pi t}} \tag{63}$$

In (61) eingesetzt, wird, da nach (59) $k = \sqrt{\frac{\lambda}{c}}$:

$$\frac{Q}{2} = \frac{2}{\sqrt{\pi}} \vartheta^* F \sqrt{\lambda c t} \tag{64}$$

Abb. 51 gibt eine Anschauung von der Temperaturverteilung in der Umgebung des Lichtbogens. Es geht daraus hervor, daß die Temperatur sehr schnell absinkt, eine Erwärmung findet bei kurzdauerndem Lichtbogen nur in der unmittelbaren Umgebung des Lichtbogenfußpunktes statt. Aus Abb. 51, Kurve 1, ist ersichtlich, daß für $t = 0{,}1$ s bei einer Lichtbogentemperatur von 1000° bereits in einer Tiefe von 1 cm

[1]) Tabellen für das Fehlerintegral finden sich z. B. bei Jahnke-Emde, Verlag Teubner.

nur noch eine Temperatur von 20^0 herrscht, d. h. das ganze Temperaturgefälle beschränkt sich auf 1 cm.

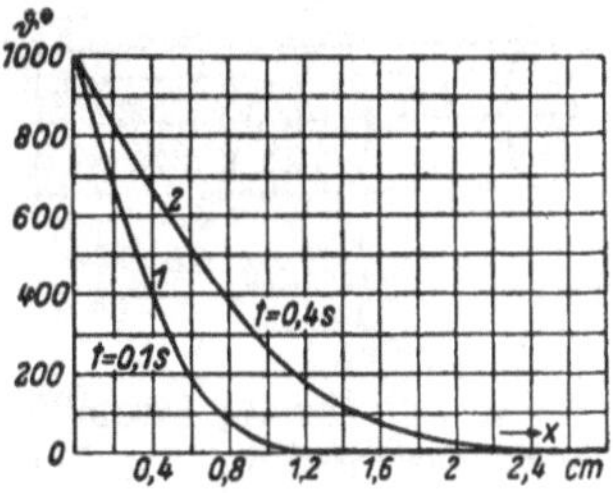

Abb. 51.

Gleichung (60) gibt noch einen interessanten Aufschluß über die Schnelligkeit, mit der die Wärme in den Kontakt eindringt. Wir nehmen zwei Punkte x_1 und x_2 an und untersuchen, zu welchen Zeiten sie die gleiche Temperatur annehmen. Man findet:

$$\int_0^{\frac{x_1}{2k\sqrt{t_1}}} e^{-\beta^2}\, d\beta = \int_0^{\frac{x_2}{2k\sqrt{t_2}}} e^{-\beta^2}\, d\beta,$$

woraus sich ergibt:

$$\frac{x_1^2}{x_2^2} = \frac{t_1}{t_2}, \tag{65}$$

d. h. die Zeiten verhalten sich wie die Quadrate der Abstände. In Abb. 51 ist Kurve 2 für doppelt so großes x gezeichnet; sie entspricht somit der vierfachen Zeit, d. h. $t = 0{,}4$ s.

Es ist von Interesse, noch eine Aussage über den **Abbrand** der Elektroden zu machen. Auf Grund neuerer Untersuchungen hat W. Kaufmann gefunden, daß bei Starkstrom-Lichtbögen der Gesamtabbrand bis zu einem kritischen Wert von j^2t, der für Kupfer den Wert $2 \cdot 10^5$, Eisen $5 \cdot 10^4$, Silber 10^5 hat, praktisch null ist, während er für $j^2t = 10^6 \ldots 10^8$ für alle Werkstoffe, mit Ausnahme von Silber, etwa $6 \ldots 8$ g/kAs beträgt. Untersucht wurden insbes.: Magnesium, Aluminium, Eisen, Messing und Kupfer. j = Stromdichte in A/cm², t = Zeit in s. Silber nimmt insofern eine Ausnahmestellung ein, als es für $j^2t < 10^5$ wesentlich kleineren, für Werte von $j^2t > 10^6$ jedoch bedeutend höheren Abbrand aufweist als Kupfer.

Stromverdrängung. Nach der Maxwellschen Theorie hat man sich vorzustellen, daß beim Einschalten einer Leitung die

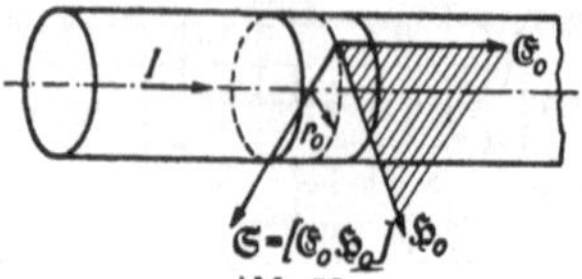

Abb. 52

Energie aus dem umgebenden elektromagnetischen Feld durch die Zylinderwand des Leiters in sein Inneres eindringt, ähnlich wie z. B. die Wärme durch die Oberfläche in einen festen Körper hineinfließt. Bei Gleichstrom wird sich die Stromdichte nach Abklingen des Einschaltvorganges gleichmäßig über den Stromkreis verteilen, bei Wechselstrom ergibt sich hingegen eine Zunahme der Stromdichte $\mathfrak{i}$ nach der Oberfläche hin: Bedeutet:

$$\mathfrak{E}_0 = \mathfrak{i}_0 \varrho$$

(vgl. Abb. 52) die Tangentialkomponente der elektrischen Feldstärke an der Oberfläche eines Leiters und $\mathfrak{H}_0$ die Tangentialkomponente der magnetischen Feldstärke, so besteht nach der Maxwellschen Theorie nachstehende Beziehung für die pro Längeneinheit in den Draht eindringende Gesamtleistung N:

$$N = \oint [\mathfrak{E}_0 \cdot \mathfrak{H}_0] d\mathfrak{F} = W_r + 2j\omega W_m = I^2 \cdot (R' + j\omega L') \quad (66)$$

Nun ist, wenn s_0 den Umfang des kreisförmigen Leiters bedeutet;

$$N = s_0 \cdot |\mathfrak{H}_0| \cdot |\mathfrak{E}_0|, \quad (67)$$

ferner auf Grund von (1) des 4. Kap.:

$$|\mathfrak{H}_0| = \frac{I}{s_0} \quad (68)$$

Zusammen mit (67) wird somit: $N = I\,|\mathfrak{E}_0|$ (69)

In (66) eingesetzt, erhält man mit: $\mathfrak{E}_0 = \mathfrak{i}_0 \varrho$:

$$|\mathfrak{i}_0| = \frac{I}{\varrho}(R' + j\omega L') = \frac{I}{\varrho}\,\mathfrak{Z} \quad (70)$$

(70) sagt aus, daß sich die Stromdichte an der Stelle r_0 immer darstellen läßt als ein Produkt aus der Gesamtstromstärke I, dividiert durch den spezifischen Widerstand, und einer komplexen Funktion $\mathfrak{Z}$, deren reeller Teil den Wechselstrom-

widerstand, und deren imaginärer Teil die Wechselstromreaktanz, bezogen auf das Leiterinnere, darstellt.

Für den speziellen Fall des kreisförmigen Leiters mit dem Radius r_0 nimmt $\mathfrak{Z}$ nachstehende Form an:

$$\mathfrak{Z} = R' + j\omega L' = \frac{k\varrho}{2\pi r_0} \cdot \frac{J_0(kr_0)}{J_1(kr_0)}, \qquad (71)$$

wobei: $k^2 = \frac{-j2\pi f\mu}{\varrho}$; J_0 und J_1 Besselsche Funktionen; f = Frequenz des Wechselstromes; $\mu = \mu_0 \cdot \mu_r$ = Permeabilität des Leiterwerkstoffes.

Für die praktische Anwendung ist es zweckmäßig, eine Beziehung zu haben, welche das Verhältnis des Wechselstromwiderstandes R' zum Gleichstromwiderstand R zu ermitteln gestattet. Führt man die Veränderliche

$$z = \frac{r_0}{2} \cdot \sqrt{\frac{\pi f\mu}{\varrho}} \qquad (72)$$

ein, so ergibt sich ein Zusammenhang, wie er in Abb. 53 dargestellt ist. Aus (72) erkennt man, daß z proportional r_0 ist, d. h. eine wesentliche Widerstandserhöhung wird vor allem bei größeren Leiterradien r_0 zu erwarten sein. Infolge der großen Werte von μ zeigen Leiter aus Eisen sehr starken Skin-Effekt.

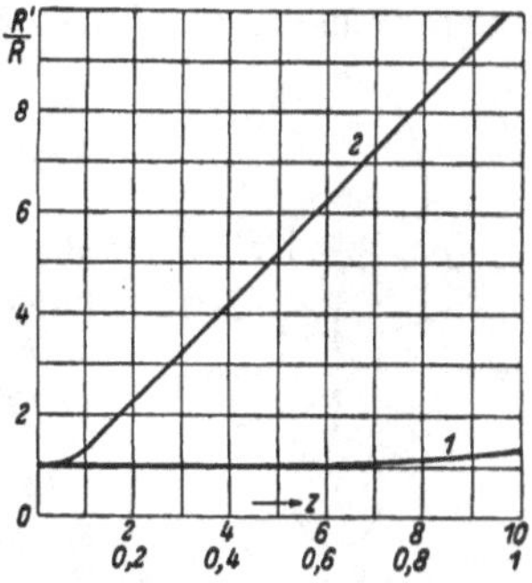

Abb. 53.

Darf die Krümmung der Leiteroberfläche vernachlässigt werden, so hat es sich als zweckmäßig erwiesen, mit der Eindringtiefe δ zu rechnen. Man findet hierfür:

$$\delta = 4{,}6\sqrt{\frac{\varrho}{\pi f\mu}} \qquad (73)$$

δ gibt die Tiefe an, bei der die Stromdichte auf 1% ihres Oberflächenwertes i_0 abgenommen hat.

Beispiel: Es ist die Widerstandszunahme für einen kreisförmigen Kupferleiter mit dem Radius $r_0 = 2{,}5$ cm für eine Frequenz von 50 bzw. 500 Hz zu bestimmen. Man findet mit $\mu = \mu_0 \cdot \mu_r = 4\pi \cdot 10^{-9}$ H/cm und $\varrho = 0{,}017 \cdot 10^{-4}\,\Omega$ cm:

$$z = 0{,}054 \cdot r_0 \cdot \sqrt{2f}.$$

Damit wird:

$$z_{50} = 1{,}35; \qquad z_{500} = 4{,}26$$

Die Widerstandserhöhung ergibt sich zu:

$$\left(\frac{R'}{R}\right)_{f=50} = 1{,}6; \qquad \left(\frac{R'}{R}\right)_{f=500} = 4{,}4$$

4. Kapitel.

Die elektrodynamische Beanspruchung. Elektromagnet

Magnetisches Feld; Induktion; Kraftfluß; magnetischer Widerstand. Jeder stromdurchflossene Leiter erzeugt ein magnetisches Feld $\mathfrak{H}$, welches sich in Analogie zum elektrischen Feld (vgl. 2. Kap.) durch Kraftlinien darstellen läßt. Die $\mathfrak{H}$-Linien sind aber im Gegensatz zu den $\mathfrak{E}$-Linien immer geschlossen (Abb. 54). Die Erfahrung lehrt, daß das Linien-Integral von $\mathfrak{H}$ längs eines geschlossenen Weges $\mathfrak{s}$ gleich dem Strom i, bzw. iz im Falle von z-Windungen, ist, also

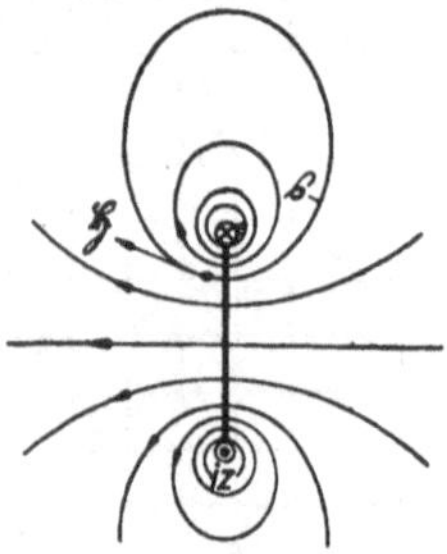

Abb. 54.

$$\oint_{\mathfrak{s}} \mathfrak{H} d\mathfrak{s} = iz \qquad (1)$$

Daraus geht hervor, da z eine dimensionslose Zahl ist, daß $\mathfrak{H}$ die Dimension: $[\mathfrak{H}] = $ A/cm hat[1]).

Es zeigt sich, daß einige Materialien, vor allem Eisen, eine sehr viel größere magnetische Durchlässigkeit (Permeabili-

[1]) Bekanntlich fanden wir für die elektrische Feldstärke $[\mathfrak{E}] = $ V/cm.

tät) aufweisen als Luft. Man führt daher in Analogie zur Dielektrizitätskonstante ε die Permeabilität μ ein. Damit erhält man für den magnetischen Kraftfluß (vgl. auch Seite 35):

$$\Phi = \int \mu \mathfrak{H} \, d\mathfrak{F} = \int \mathfrak{B} \, d\mathfrak{F} \quad [\mathrm{Vs}], \tag{2}$$

woraus folgt:

$$\mathfrak{B} = \mu \mathfrak{H} \quad \left[\frac{\mathrm{Vs}}{\mathrm{cm}^2}\right] \tag{3}$$

Ferner besteht die Beziehung:

$$\operatorname{div} \mathfrak{B} = 0 \tag{4}$$

$\mathfrak{B}$ nennt man die magnetische Induktion.

Zwecks Festlegung des Maßsystems führen wir ein:

$$\mu = \mu_0 \cdot \mu_r \tag{5}$$

Die Permeabilität des leeren Raumes ist:

$$\left.\begin{aligned} \mu_0 &= 4\pi \cdot 10^{-9} = 1{,}256 \cdot 10^{-8} \quad \left[\frac{\mathrm{Vs}}{\mathrm{Acm}}\right] \equiv [\mathrm{H/cm}] \\ \mu_r &= \frac{\mu}{\mu_0} \end{aligned}\right\} \tag{5a}$$

μ_r ist die relative Permeabilität und somit eine dimensionslose Verhältniszahl. Für Umrechnungen sind nachstehende Beziehungen zu beachten:

$$1 \text{ Vs} = 10^8 \text{ Maxwell}$$

$$1 \text{ Vs/cm}^2 = 10^8 \text{ Gauß}$$

$$1 \text{ A/cm} = \frac{4\pi}{10} \text{ Oerstedt}$$

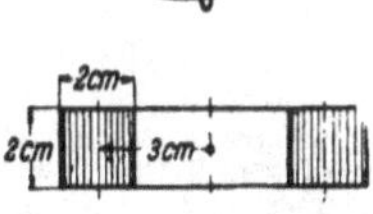

Abb. 55.

Wir wenden nun das Gesetz (1) auf eine Ringspule gemäß Abb. 55 an und erhalten, wenn l den mittleren Ringumfang bedeutet, für die mittlere Feldstärke: $\mathfrak{H} = \frac{iz}{l}$. Eingesetzt in (2) ergibt:

$$\Phi = \mu \frac{iz}{l} \cdot F = \frac{iz}{\frac{l}{\mu F}} = \frac{iz}{R_m} \tag{6}$$

$R_m = \frac{l}{\mu F}$ nennen wir den magnetischen Widerstand des Ringes. Allgemein erhält man somit bei Anwendung auf eine Kraftröhre der Länge ds (vgl. Abb. 54):

$$R_{m\nu} = \int_1^2 \frac{ds}{\mu F_\nu} \quad \left[\frac{1}{\mathrm{H}}\right] \tag{7}$$

Das Induktionsgesetz liefert mit (6) die Beziehung:

$$\oint_{\mathfrak{s}} \mathfrak{E} d\mathfrak{s} = -\frac{d\Phi_z}{dt} \cdot z = -\frac{d\Psi}{dt} = -L\frac{di}{dt}$$

$$= -\frac{d}{dt}\left(\frac{iz}{R_m}\right) \cdot z = -\frac{di}{dt} \cdot \frac{z^2}{R_m} \qquad (8)^{1)}$$

Man erkennt somit, daß die Induktivität L gegeben ist durch die Beziehung:

$$L = \frac{z^2}{R_m} = z^2 \Lambda\,, \tag{9}$$

wobei Λ den magnetischen Leitwert bedeutet.

Wir wenden die abgeleiteten Beziehungen auf die angenäherte und genaue Berechnung der Induktivität einer Ringspule an. Mit den in Abb. 55 angegebenen Abmessungen erhält man als angenäherten Wert der Induktivität unter der Annahme, daß die Windungszahl $z = 1000$ sei:

$$L = \tfrac{8}{3} \cdot 10^{-3}\,\mathrm{H} = 2{,}67\,m\mathrm{H}$$

Für die genaue Berechnung ist es notwendig, zunächst den magnetischen Widerstand einer Röhre mit dem Radius x und der Höhe h zu ermitteln. Mit (7) findet man:

$$R_{m\nu} = \int \frac{ds}{\mu F_\nu} = \frac{2\pi x}{\mu\, dx\, h}$$

---

[1]) (8) ist streng richtig, wenn alle z Windungen den vollen Fluß Φ umschlingen. Trifft diese Voraussetzung nicht zu, so müssen bei Berechnung des Flusses Φ_ν einer Kraftröhre jeweils die mit dieser Röhre verschlungenen Windungen z_ν eingesetzt und über alle Röhren n summiert werden. (8) lautet dann:

$$\oint_s \mathfrak{E} ds = \frac{d}{dt}\sum_1^n(\Phi_\nu z_\nu) = -\frac{d\Psi}{dt}\,, \tag{8'}$$

wobei:

$$\Phi_\nu = \frac{iz_\nu}{R_{m\nu}}\,.$$

Da der gesamte magnetische Widerstand durch Parallelschaltung der ν Kraftröhren zustandekommt, ist es zweckmäßiger, mit dem Leitwert zu rechnen.

$$\Lambda_\nu = \frac{\mu h dx}{2\pi x}$$

Der Gesamtleitwert ergibt sich durch Summierung zu:

$$\Lambda = \frac{\mu h}{2\pi} \cdot \int\limits_{r_i}^{r_a} \frac{dx}{x} = \frac{\mu h}{2\pi} \ln \frac{r_a}{r_i} \tag{10}$$

Mit den Abmessungen der Abb. 55 erhält man als genauen Wert der Induktivität $L = 2{,}78 \cdot 10^{-3}$H. Der Fehler der Näherungsrechnung beträgt somit nur 4%.

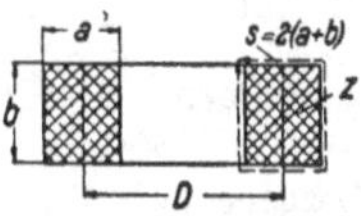

Abb. 56.

Nachstehend sind noch einige Beziehungen zur Ermittlung von Induktivitäten zusammengestellt:

1. Kreisförmige Luftdrossel mit rechteckigem Querschnitt (Abb. 56). In Näherung erhält man:

$$L = 10{,}1 \cdot z^2 D \left(\frac{D}{s}\right)^{0{,}6} \cdot 10^{-9} \quad [\text{H}] \tag{11}$$

Verhältnismäßig genaue Werte findet man aus dem von M. Zühlke abgeleiteten Nomogramm gemäß Abb. 57.

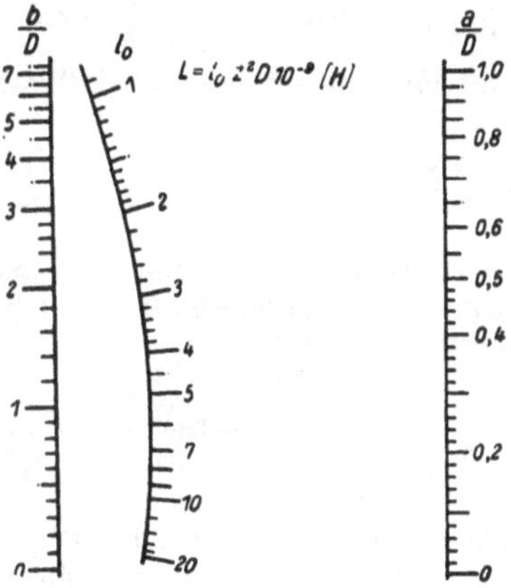

Bedeutung von a, b und D siehe Abb. 56.

Abb. 57.

2. Stromschleife aus geradlinigem Leiter der Länge l, Radius r, und Erde als Rückleitung, Abstand vom Erdboden h:

$$L = l\left(4 \cdot \ln \frac{h}{r} + 0{,}5\right)10^{-9} \quad [\mathrm{H}] \tag{12}$$

3. Zwei Leiter im Abstand a zu einer Schleife der einfachen Länge l verbunden:

$$L = l\left(1 + 4 \ln \frac{a-r}{r}\right) \cdot 10^{-9} \quad [\mathrm{H}] \tag{13}$$

4. Die Induktivitäten eines Mehrleitersystems sind definiert durch:

$$du_{p0} = \sum_{q=1}^{n} (l_{pq} i'_q)\, ds; \quad p = 1,2 \ldots n; \quad i' = \frac{di}{dt} \tag{14}$$

Für den Leiter 1 einer Drehstromleitung ergibt sich somit:

$$p = 1{:}\ du_{10} = (l_{11}\, i'_1 + l_{12}\, i'_2 + l_{13}\, i'_3)ds \tag{14a}$$

Bezogen auf 50-periodigen Wechselstrom wird:

$$\Delta U_{10} = \omega(l_{11} I_1 + l_{12} I_2 + l_{13} I_3)\Delta s \tag{14b}$$

Mittelwerte für l_{pq} siehe Tafel 1 u. 2 S. 133.

Die Leistung, welche eine Drosselspule aufnimmt, ist:

$$ei = \frac{dW_m}{dt} = \frac{d(iL)}{dt} \cdot i \tag{15}$$

Damit findet man für die Änderung der magnetischen Energie zusammen mit (9):

$$dW_m = (\Lambda i di + i^2 d\Lambda) z^2, \tag{16}$$

wobei wieder $\Lambda = \frac{1}{R_m}$. Bei konstantem magnetischen Widerstand wird somit:

$$W_m = \frac{LI^2}{2} = \frac{I\Psi}{2} \tag{17}$$

Die Anwendung auf die Ringspule führt, wenn wir I und $\Psi = \Phi_z z$ in (17) mit Hilfe der Beziehungen (1) und (2) ersetzen, zu folgender interessanter Gleichung:

$$W_m = \tfrac{1}{2} \cdot \mu l F \mathfrak{H}^2 = \tfrac{1}{2} V \mathfrak{H}\mathfrak{B} \quad [\mathrm{Ws}] \tag{18}$$

Darin bedeutet V das Volumen des Ringkernes und somit $\frac{1}{2}\mathfrak{H}\mathfrak{B}$ die magnetische Energie pro Volumeneinheit, d. h. die Dichte der magnetischen Energie.

Sobald Eisen im magnetischen Kreis vorhanden ist, ist die Permeabilität μ keine Konstante mehr. Der Zusammen-

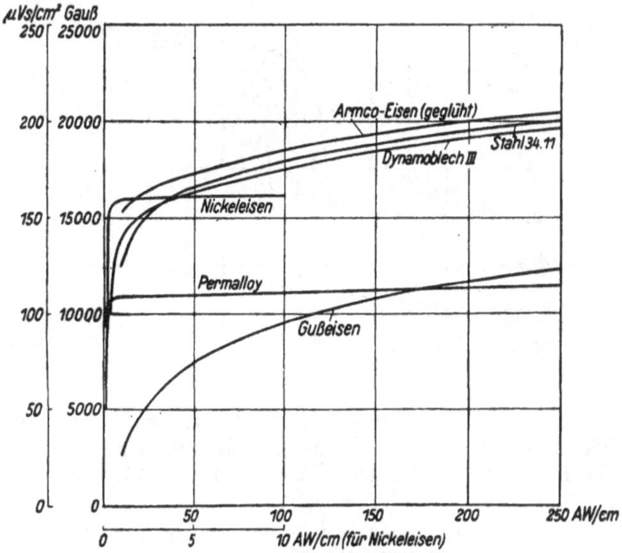

Abb. 58.

hang zwischen der Induktion im Eisen und der magnetischen Feldstärke wird durch die Magnetisierungskurve gemäß Abb. 58 gegeben. Allgemein kann man schreiben[1]):

$$\mathfrak{B} = \mathfrak{B}_0 + \mu_0\, \mathfrak{J} = \mu_0\, (\mathfrak{H} + \mathfrak{J}), \qquad (19)$$

d. h. zu der Feldstärke $\mathfrak{H}$ kommt noch die sog. Magnetisierung $\mathfrak{J}$ hinzu, welche verursacht wird durch die Ausrichtung der Molekularströme. Aus (19) zusammen mit (5) ergibt sich die Beziehung:

$$\mu_r = \frac{\mathfrak{B}}{\mathfrak{B}_0} = 1 + \frac{\mathfrak{J}}{\mathfrak{H}} = 1 + \varkappa \qquad (20)^{2)}$$

[1]) Siehe Mitt. d. AEF, ETZ (1941) H. 36 S. 765. Bisher hat man unter „Magnetisierung" meist die Größe $\mathfrak{M} = \mu_0 \mathfrak{J}$ verstanden, was bei Einsetzen von Zahlenwerten zu berücksichtigen ist.

[2]) Der in den Tafeln stehende Zahlenwert von $\varkappa$ ist im allgemeinen berechnet gemäß:

$$\varkappa = \frac{\mathfrak{J}/(\mathrm{A/mm})}{\mathfrak{H}/\mathrm{Oe}} = \frac{\mu_r - 1}{4\pi}$$

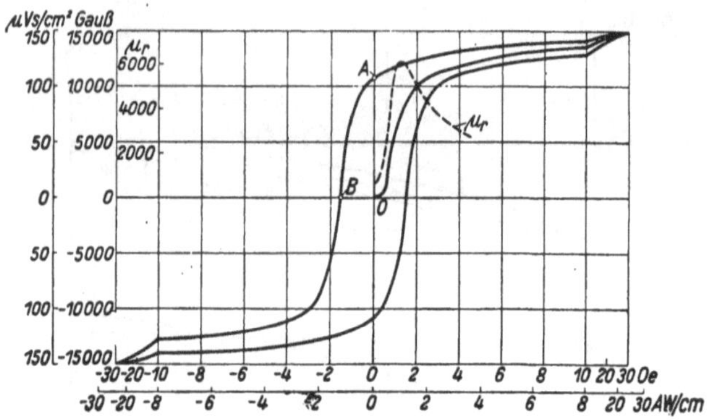

Abb. 59.

$\varkappa$ nennt man die Suszeptibilität. Ferner sind noch anzuführen (vgl. Abb. 59) die Größen OA als Remanenz und OB als Koerzitivkraft. Der Verlauf von μ_r ist gestrichelt eingezeichnet.

Die Hysteresisverluste je Kreisprozeß sind gegeben durch die Fläche der Hysteresisschleife:

$$W_h = \int \mathfrak{H} d\mathfrak{B} \quad [\mathrm{Ws/cm^3}] \tag{21}$$

Die Gesamtverluste durch Hysterese und Wirbelströme kann man für Blechstärken von d mm bei einer Induktion von $\mathfrak{B}$ Gauß gemäß nachstehender Beziehung ermitteln:

$$N_{H+W} = \sigma_H \frac{f}{100} \cdot \left(\frac{\mathfrak{B}}{10000}\right)^2 + \sigma_W \left(d \frac{f}{100} \cdot \frac{\mathfrak{B}}{10000}\right)^2 [\mathrm{W/kg}] \tag{22}$$

Werte für σ_H und σ_W siehe Tafel 6 S. 138.

In Kreisen mit Eisen ist es manchmal zweckmäßig, das Induktionsgesetz etwas umzuformen. Bedeutet e den Momentanwert der Spannung an der Spule, so sagt das Induktionsgesetz aus:

$$e\,dt = -L\,di$$

Integriert ergibt:

$$\int e\,dt = L(I_a - I_e) = (\psi_a - \psi_e) = F \cdot \Delta\mathfrak{B} \cdot z \tag{23}$$

(23) sagt aus, daß die Spannungsfläche $\int e dt$ nur abhängig ist von der Größe der totalen Fluß- bzw. Induktionsänderung. Von diesem Zusammenhang macht man mit Vorteil Gebrauch, wenn ein Stromkreis gesättigte Eisendrosseln enthält und sich dabei bei jedem Stromnulldurchgang der Fluß von seinem positiven auf den negativen Sättigungswert ändert.

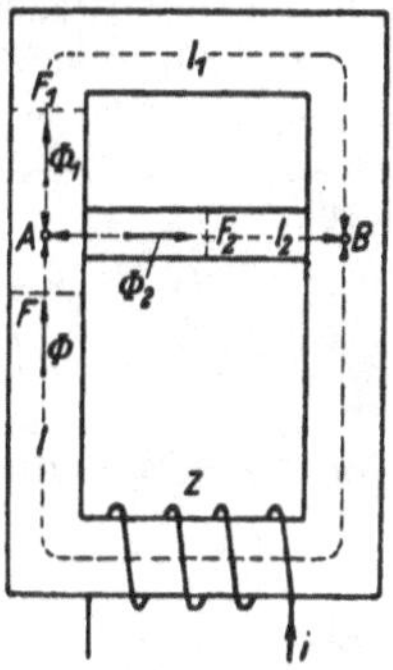

Abb. 60.

Magnetischer Kreis mit praktisch geschlossenem Eisenweg. In den Anwendungen spielen magnetische Kreise, wie sie in Abb. 60 angedeutet sind, eine wichtige Rolle. Mit (6) findet man, indem man bedenkt, daß der Fluß Φ seine Fortsetzung in den parallel geschalteten Flüssen Φ_1 und Φ_2 findet:

$$iz = \Phi\left[R_m + \frac{R_{m1} \cdot R_{m2}}{R_{m1} + R_{m2}}\right] = \Phi R_{mr} \qquad (24)$$

Die magnetomotorische Kraft zwischen den Punkten A und B ergibt sich zu:

$$M_{AB} = iz - \Phi R_m = iz\left(1 - \frac{R_m}{R_{mr}}\right) \qquad (25)$$

Ferner ist:

$$\Phi = \Phi_1 + \Phi_2; \quad \Phi_1 = \frac{M_{AB}}{R_{m1}}; \quad \Phi_2 = \frac{M_{AB}}{R_{m2}} \qquad (26)$$

Die Diskussion der abgeleiteten Beziehungen führt zu nachstehenden Schlußfolgerungen: Für

$$R_m \ll R_{m1} \text{ und } R_{m2}$$

wird $M_{AB} = iz$. Die Parallelschaltung des Weges 2 ergibt dann keine Schwächung des Flusses Φ_1. Die Induktion längs l_1 wird:

$$\mathfrak{B}_1 = \frac{\Phi_1}{F_1} = \frac{\mu i z}{l_1} = \mu \mathfrak{H}_1 . \qquad (27)$$

Eine analoge Beziehung ergibt sich für $\mathfrak{B}_2$. Man erkennt somit, daß die Induktionen $\mathfrak{B}_1$ und $\mathfrak{B}_2$ nur von den Längen l_1 und l_2 abhängig sind. Für

$R_{m2} = \infty$, R_m und R_{m1} in gleicher Größenordnung wird:

$$R_{mr} = R_m + R_{m1}$$

$$M_{AB} = iz\left(1 - \frac{R_m}{R_m + R_{m1}}\right) = iz\frac{R_{m1}}{R_m + R_{m1}} \qquad (28)$$

Damit ergibt sich:

$$\Phi_1 = \frac{iz}{R_m + R_{m1}}$$

und somit:

$$\mathfrak{B}_1 = \frac{\mu\, iz}{l\frac{F_1}{F} + l_1} = \frac{\mu M_{AB}}{l_1} = \mu\mathfrak{H}_1 \qquad (29)$$

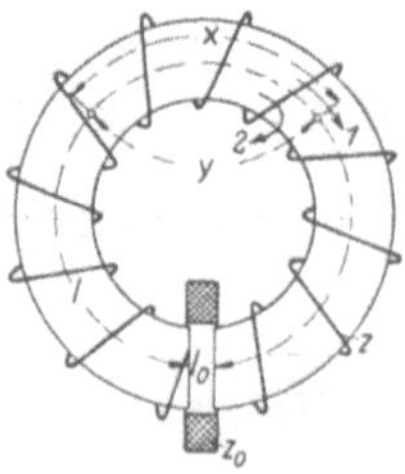

Abb. 61.

Magnetischer Kreis mit praktisch konstantem Luftspalt. Abb. 61 zeigt einen ringförmigen magnetischen Kreis mit dem Eisenweg l und dem Luftspalt l_0. Zunächst nehmen wir an, daß der Eisenring gleichmäßig mit einer Windungszahl z bewickelt sei und wenden nun das Gesetz vom magnetischen Kreis auf die Wege 1 und 2 an, also:

$$\oint_1 \mathfrak{H}d\mathfrak{s} = \mathfrak{H}l + \mathfrak{H}_0 l_0 = iz \qquad (30)$$

$$\oint_2 \mathfrak{H}d\mathfrak{s} = \mathfrak{H}x + \mathfrak{H}_y y = iz\frac{x}{l} \qquad (31)$$

Aus (30) folgt:

$$\mathfrak{H} = \frac{iz - \mathfrak{H}_0 l_0}{l}$$

Damit wird die Feldstärke im Streufeld:

$$\mathfrak{H}_y = \mathfrak{H}_0\frac{x\,l_0}{y\,l} \qquad (32)$$

Aus (32) erkennt man, daß nur für $l_0 = 0$, $\mathfrak{H}_y$ und damit die Streuung Null wird.

Wir denken uns nun über dem Luftspalt eine Zusatzspule mit der Windungszahl z_0 angebracht (Abb. 61) und richten es so ein, daß $\mathfrak{H}l = iz$ und $\mathfrak{H}_0 l_0 = iz_0$. Die Integration über den Weg 2 ergibt:

$$\mathfrak{H}\, x + \mathfrak{H}_y\, y = iz \frac{x}{l} \tag{33}$$

Nun ist aber voraussetzungsgemäß:

$$\mathfrak{H}\, x = iz \frac{x}{l}$$

Es muß somit in (33) $\mathfrak{H}_y\, y$ und damit $\mathfrak{H}_y$ selbst gleich Null sein, d. h. die Ringanordnung mit Luftspalt und Zusatzspule ist wieder streuungsfrei geworden. Allgemein läßt sich sagen: Besteht ein magnetischer Kreis aus einer Reihe hintereinander geschalteter Teilstücke mit verschiedenem magnetischen Widerstand, so ergeben sich die günstigsten, d. h. praktisch streuungslosen Verhältnisse, wenn jeder Teil so viele Amperewindungen erhält, als zu seiner und nur zu seiner Magnetisierung notwendig sind. Oder kürzer gesagt: Die Amperewindungen müssen da angeordnet sein, wo sie verbraucht werden.

Wir untersuchen nun noch, wo bei einem magnetischen Kreis mit Luftspalt vornehmlich der Sitz der magnetischen Energie ist. Bedeutet $\mathfrak{H}$ wieder die magnetische Feldstärke im Eisen und $\mathfrak{H}_0$ den entsprechenden Wert im Luftspalt, so muß infolge der Stetigkeit der Normalkomponente von $\mathfrak{B}$ an der Stirnfläche des Eisens die Bedingung bestehen:

$$\mu \mathfrak{H} = \mu_0 \mathfrak{H}_0\,,$$

woraus folgt:

$$\mathfrak{H}_0 = \frac{\mu}{\mu_0} \mathfrak{H} = \mu_r \mathfrak{H} \tag{34}$$

Da μ_r Werte von 1000 bis 5000 aufweist, erkennt man, daß die Feldstärke $\mathfrak{H}_0$ im Luftspalt meist sehr viel größer ist als die Feldstärke $\mathfrak{H}$ im Eisen, d. h. der weitaus überwiegende Teil der magnetischen Energie befindet sich in dem durch den

Luftspalt gegebenen Volumen. Aus (34) folgt weiterhin, daß man für den Kreis 1 näherungsweise erhält:

$$\oint_1 \mathfrak{H} d\mathfrak{s} = \mathfrak{H}_0 l_0 = iz \tag{35}$$

und somit:

$$\mathfrak{H}_0 = \frac{iz}{l_0} \tag{36}$$

(35) ist für die Berechnung von magnetischen Kreisen mit Eisen von großer Bedeutung.

Dynamische Beanspruchung; Ableitung der grundsätzlichen Beziehungen. Die Erfahrung lehrt, daß auf jeden stromdurchflossenen Leiter, der sich in einem magnetischen Feld befindet, Kräfte ausgeübt werden, die bestrebt sind, den Stromkreis so zu deformieren, daß der umschlungene magnetische Kraftfluß zunimmt.

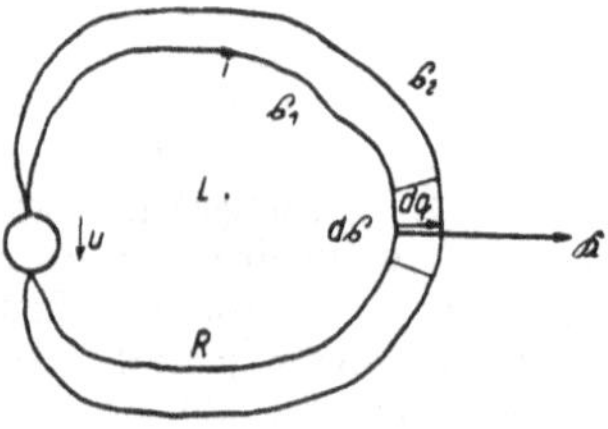

Abb. 62.

Die grundlegenden Zusammenhänge sollen am Stromkreis der Abb. 62 erläutert werden. Es bedeutet darin u die Klemmenspannung eines Stromerzeugers, $\mathfrak{s}_1$ die ursprüngliche Strombahn mit dem Widerstand R und der Induktivität L. $\mathfrak{s}_2$ stellt die Form der Strombahn nach einer unendlich kleinen Dehnung dar. Die Kraft $\mathfrak{K}$ greift an dem Linienelement $d\mathfrak{s}$ an und verschiebt dieses Element bei der Deformation um die unendliche kleine Strecke dq.

Nach dem Energieprinzip muß die gesamte, in dem Zeitintervall dt von der Stromquelle gelieferte elektrische Energie dW_e gleich sein der Summe aus den Jouleschen Verlusten dW_v, der Zunahme der magnetischen Energie dW_m und der von den Kräften $\mathfrak{K}$ geleisteten mechanischen Arbeit dA. Somit ist:

$$dW_e = dW_v + dW_m + dA \tag{37}$$

Werden die Energien durch die zugehörigen elektrischen Größen ausgedrückt, so erhält man:

$$uidt = i^2 Rdt + d\left(\frac{Li^2}{2}\right) + dA$$

$$uidt = i^2 Rdt + \tfrac{1}{2} i^2 dL + iLdi + dA \qquad (38)$$

Das Induktionsgesetz liefert folgende Beziehung:

$$u = iR + \frac{d\Phi}{dt} \qquad (39)$$

Da $\Phi = iL$ ist, erhält man, indem man auch hier berücksichtigt, daß L veränderlich ist:

$$u = iR + i\frac{dL}{dt} + L\frac{di}{dt} \qquad (40)$$

Multipliziert man (40) mit idt, so wird:

$$uidt = i^2 Rdt + i^2 dL + iLdi \qquad (41)$$

Subtrahiert von (38) ergibt schließlich:

$$dA = \tfrac{1}{2} i^2 dL \qquad (42)$$

Aus (42) geht hervor, daß die virtuelle, von den mechanischen Kräften geleistete Arbeit gleich ist der Änderung der magnetischen Energie bei konstant gehaltenem Strom. Drückt man die Arbeit dA durch die Kräfte $\mathfrak{K}$ und die virtuellen Verschiebungen $d\mathfrak{q}$ aus, so ergibt sich:

$$dA = \int_{\mathfrak{q}} \oint_{\mathfrak{s}} \mathfrak{K}\, d\mathfrak{q}\, ds = \tfrac{1}{2} i^2 dL \qquad (43)$$

In dem speziellen Fall, da die Leitlinie $\mathfrak{s}_1$ ein Kreis mit dem Radius r ist, läßt sich die Integration leicht ausführen. Man erhält für die Kraft auf die Längeneinheit, da $d\mathfrak{q} = dr$ wird:

$$2\pi r K\, dr = \tfrac{1}{2} i^2 dL$$

$$K = \frac{i^2}{4\pi r} \cdot \frac{dL}{dr} \quad \left[\frac{\text{Ws/cm}}{\text{cm}}\right] \qquad (44)$$

Aus (44) geht hervor, daß die Kraft nicht etwa von der Größe der Induktivität selbst, sondern lediglich von ihrer Veränderung abhängig ist.

Um die Kraft pro Längeneinheit in einer bestimmten Richtung zu ermitteln, muß das Element der Leitlinie in dieser Richtung um $d\mathfrak{q}$ verschoben und dabei untersucht werden, wie sich die Induktivität ändert. Diese Änderung ist mit der Größe $\frac{i^2}{2}$ zu multiplizieren. Das Gesetz (42) hat ganz allgemeine Gültigkeit. Für zwei Stromkreise mit den Strömen i_1, i_2, den Eigeninduktivitäten L_{11}, L_{22} und der Gegeninduktivität M_{12} erhält man demnach:

$$dA = \tfrac{1}{2}\, i_1^2 dL_{11} + i_1 i_2 dM_{12} + \tfrac{1}{2}\, i_2^2 dL_{22} \qquad (45)$$

Der Ausdruck rechts stellt die Änderung der magnetischen Energie des aus zwei Stromkreisen bestehenden elektromagnetischen Systems dar.

Um die resultierende Kraft zu finden, die an einem Leiterelement angreift, führt man am besten zwei zueinander senkrechte, virtuelle Verrückungen dq_1 und dq_2 aus[1]). Man erhält dann die zwei Kraftkomponenten $\mathfrak{K}_1$ und $\mathfrak{K}_2$, die vektoriell addiert die resultierende Kraft nach Größe und Richtung ergeben, also:

$$\mathfrak{K} = \mathfrak{K}_1 + \mathfrak{K}_2 \qquad (46)$$

Will man die mechanische Arbeit bei einer endlichen Deformation der Leitlinie $\mathfrak{s}$ bestimmen, so muß (42) integriert werden. Für zwei zunächst beliebige Grenzen 1 und 2 erhält man:

$$A_{12} = \int_1^2 \frac{i^2 dL}{2} \qquad (47)$$

Im allgemeinen Fall ist L eine Funktion von i.

Für zwei praktisch wichtige Fälle läßt sich die Integration leicht durchführen:

1. $$i = I = \text{konst.}$$

Man findet:

$$A_{12} = \frac{I^2}{2}(L_2 - L_1) = \frac{I^2}{2}\Delta L\,, \qquad (48)$$

d. h. das Integralgesetz stimmt vollkommen mit (42) überein, wenn man die unendlich kleine Änderung d durch die endliche Änderung Δ ersetzt.

2. $$u = \text{konst.}$$

Dies bedeutet, daß der resultierende Fluß $\Phi = iL$ bis auf den veränderlichen Ohmschen Spannungsabfall konstant ist. Dann ist in Näherung:

$$L = \frac{\Phi}{i}$$

---

1) Im allgemeinsten Fall müssen Verrückungen nach drei Richtungen ausgeführt werden.

und

$$dL = -\Phi \frac{di}{i^2}$$

Setzt man dL in (42) ein und integriert, so erhält man:

$$A_{12} = \frac{\Phi}{2} (I_1 - I_2) = \frac{\Phi}{2} \Delta I \qquad (49)$$

Diese Formel zeigt keinerlei Übereinstimmung mehr mit (42), d. h. das Differentialgesetz darf nicht ohne weiteres für endliche Verrückungen verallgemeinert werden.

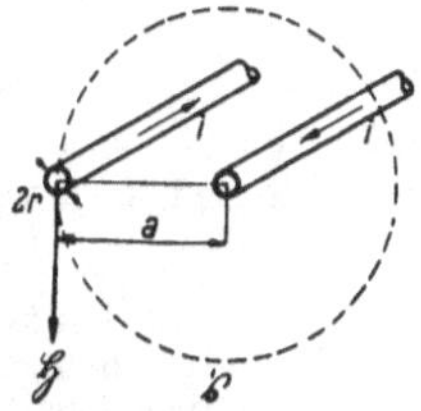

Abb. 63.

Als erstes Beispiel bestimmen wir die dynamischen Kräfte zwischen zwei parallelen, kreisrunden Drähten mit dem Radius r und dem Mittenabstand a (vgl. Abb. 63), die von dem Strom i in entgegengesetzter Richtung durchflossen werden. Diese Anordnung hat praktische Bedeutung bei der Berechnung der Kurzschlußkräfte auf Sammelschienen und Leitungen. Die Induktivität für die Länge l dieses Systems ist gegeben durch (13) S. 86 Gemäß (42) muß die Änderung der Induktivität L bei einer virtuellen Verschiebung in Richtung von a bestimmt werden, d. h. wir müssen $\frac{dL}{da}$ ausrechnen. Für $a \gg r$ wird:

$$\frac{dL}{da} = 4l \frac{r}{a} \frac{1}{r} \cdot 10^{-9} = \frac{4l}{a} \cdot 10^{-9}.$$

Wie ersichtlich, fällt bei der Bildung der Ableitung der Drahtradius r heraus. Dies besagt, daß die Kräfte, solange es sich nur um kreisrunden Querschnitt handelt, unabhängig von der Größe dieses Querschnittes sind, wenn die Stromverteilung gleichmäßig ist. Setzt man dL in (42) ein, so erhält man:

$$dA = \frac{2l}{a} i^2 \cdot 10^{-9}\, da \qquad [\mathrm{Ws}]$$

$$K = \frac{dA}{da} = \frac{2li^2}{a} \cdot 10^{-9} \qquad [\mathrm{Ws/cm}] \qquad (50)$$

Nun ist 1 Ws/cm = 10,21 kg, also:

$$K = \frac{2{,}04 \cdot l}{a} i^2 \cdot 10^{-8} \qquad [\mathrm{kg}] \qquad (50a)$$

Aus (50a) berechnet man unter der Voraussetzung, daß der Strom einen Effektivwert von 50000 A aufweist, bei einem Abstand von 30 cm eine abstoßende Kraft pro m von 170 kg.

Fließen in den beiden Leitungen die Ströme i_1 und i_2, und ist die relative Permeabilität des Zwischenmediums μ_r, so erhält man:

$$K = \frac{2\mu_r l i_1 i_2}{a} \cdot 10^{-9} \ [\mathrm{Ws/cm}] = \frac{2{,}04 \mu_r l i_1 i_2}{a} \cdot 10^{-8} \ [\mathrm{kg}] \quad (51)$$

Ersetzt man z. B. den Strom i_2 durch die magnetische Feldstärke $\mathfrak{H}$ gemäß der Beziehung:

$$\oint_{\mathfrak{s}} \mathfrak{H} d\mathfrak{s} = i_2 = \mathfrak{H} 2\pi a$$

(vgl. Abb. 62), so erhält man aus (51) für die Kraft $d\mathfrak{K}$ auf das Leiterelement $d\mathfrak{l}$ in vektorieller Schreibweise:

$$d\mathfrak{K} = i[d\mathfrak{l}, \mu\mathfrak{H}] \quad (52)$$

(52) stellt das Biot-Savartsche Gesetz dar und ist ganz allgemein gültig für lineare Stromkreise beliebiger Form. (51) wird zur Zeit immer benutzt, um die Kraftwirkung zwischen parallel geführten Leitern (Sammelschienensysteme u. dgl.) zu berechnen. In Wirklichkeit liegen aber dabei die Verhältnisse wesentlich komplizierter, denn bei dreipoligem Kurzschluß fließen Ströme in allen drei Leitern. Jeder Strom selbst ist wieder zusammengesetzt aus einem abklingenden Wechselstrom- und überlagerten, ebenfalls abklingenden Gleichstromglied (vgl. Abb. 6). Selbst bei einem 2-poligen Kurzschluß treten noch 4 Kraftkomponenten auf, nämlich: ein abklingendes Gleichstromglied, ein ebenfalls abklingendes Wechselstromglied der Frequenz 50, ein konstantes Wechselstromglied der Frequenz 100 und ein meist zu vernachlässigendes konstantes Glied. Durch die periodischen Wechselkräfte werden die Stromschienen in Schwingungen versetzt, die dann gefährlich werden können, wenn die Eigenschwingung der Schienen f_s mit der anregenden Frequenz in Resonanz kommt. Nach neueren Untersuchungen von W. Puttfarcken liegen die Verhältnisse etwa wie folgt: Solange $f_s > 200$ Hz, können Ausbiegung, Schienenbeanspruchung und Auflagekräfte mit Hilfe von (51) berechnet werden, wobei die Beanspruchungen sich aus den statischen Verhältnissen der Schienenanordnung ergeben. Bei Resonanz mit der 50-periodischen Stromkraft kann die Beanspruchung rund den doppelten Wert der statisch bestimmten erreichen. Es ist aber zu bedenken, daß bei diesem Resonanzpunkt die Beanspruchung nur kurzzeitig (wenige Halbwellen) überhaupt auftritt, da dieser Stromanteil schnell

abklingt. Wesentlich gefährlicher ist die Resonanz bei 100 Hz. Hier können Beanspruchungen bis zum 5-fachen der statisch ermittelten auftreten. Es muß daher diese Resonanzstelle durch Verstimmung vermieden werden.

Die Schienenfrequenz kann aus nachstehender Gleichung ermittelt werden, wobei d in cm entweder den Durchmesser eines Rundleiters oder die Breite eines Flachleiters bezogen auf die Schwingungsebene und l in cm den Abstand zwischen zwei Stützpunkten bedeuten.

$$f_s = c\,\frac{d}{l^2}\ [\mathrm{Hz}]$$

Werte für c können aus nachstehender Tafel entnommen werden:

Werkstoff	Konstante c [cm/s] für Flachleiter	Rundleiter
	$\times 10^5$	$\times 10^5$
Al, Mg	5,6	4,3
Cu	3,6	3,1

Für den Schalterbau sind noch folgende Beziehungen von Bedeutung: Stromkraft auf das Gleitstück einer rechteckigen Schleife, r = Radius des Stromleiters, a = Mittenabstand.

$$\mathfrak{K}_i = 0{,}4\, i^2 \left[4 \ln\left(\frac{a}{r}\right) + 1\right] 10^{-8}\quad [\mathrm{kg}] \tag{53}$$

Die Stromkraft auf ein Trennmesser ist in Abb. 64 für ein mittleres Verhältnis r/h in Funktion von a/h aufgetragen. Daraus geht hervor, daß immerhin beträchtliche Ströme erforderlich sind, um nennenswerte Kräfte auf das Trennmesser auszuüben.

Zum Schluß untersuchen wir noch die elektrodynamischen Kräfte in unmittelbarer Umgebung der Unterbrechungsstelle. Beim Schalten auf Kurzschluß beobachtet man öfter ein Abheben der Kontakte. Dadurch entstehen Lichtbögen, die mit großer Wärmeentwicklung verbunden sind, was zur Folge haben kann, daß entweder ein starker Abbrand oder ein Zusammenschweißen der Kontakte eintritt.

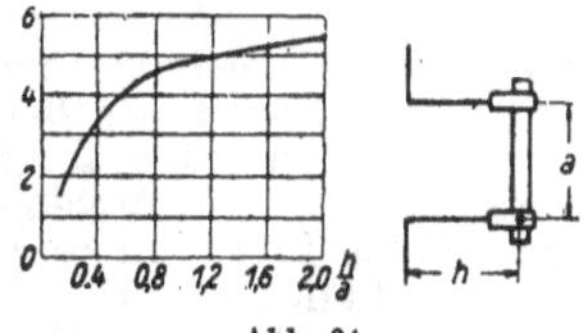

Abb. 64.

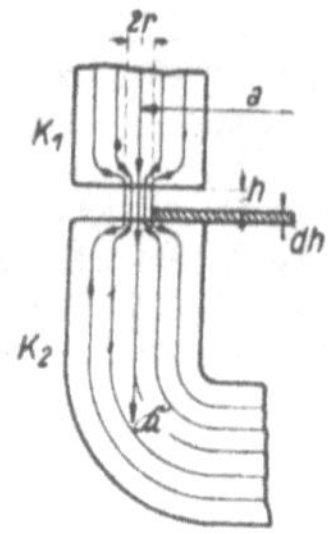

Abb. 65.

In Abb. 65 ist ein Klotzkontakt schematisch dargestellt. Da die Kontaktfläche nie ganz eben ist, erfolgt die Berührung zunächst nur punktförmig. Es entsteht dann ein Strompfad mit dem Radius r, in dem sehr große Stromdichte herrscht. Um die Kraft angenähert zu bestimmen, bewegen wir den Kontakt K_2 um die kleine Strecke dh nach unten. Ist das System symmetrisch und beträgt der Mittenabstand zwischen den beiden Strompfaden a, so hat die Induktivität der Doppelleitung, gebildet von den beiden Strompfaden mit den Radien r, dem Abstand a und der Länge h, nach (13) den Wert:

$$L = h\left(4 \ln \frac{a}{r} + 1\right) \cdot 10^{-9} \quad [\mathrm{H}]$$

Um die Kraft zu bestimmen, muß die Änderung von L bei der virtuellen Verschiebung dh (vgl. Abb. 65) ermittelt werden. Es ist:

$$\frac{dL}{dh} = \left(4 \ln \frac{a}{r} + 1\right) \cdot 10^{-9}$$

Im vorliegenden Fall ist es nicht erforderlich, den Einfluß des Verbindungsstückes, das die Stromschleife schließt, mit zu berücksichtigen, da durch dasselbe das Feld an der Unterbrechungsstelle nicht nennenswert beeinflußt wird. Die Gesamtkraft K' wird:

$$K' = \frac{i^2}{2}\left(4 \ln \frac{a}{r} + 1\right) \cdot 10^{-9} \quad [\mathrm{Ws/cm}]$$

Pro Schaltstück wirkt nur die halbe Kraft:

$$K = \frac{10{,}2}{4}\, i^2 \left(4 \ln \frac{a}{r} + 1\right) \cdot 10^{-9} \quad [\mathrm{kg}] \qquad (54)$$

$$K \approx i^2 \left(\ln \frac{a}{r} + 0{,}25\right) \cdot 10^{-8} \quad [\mathrm{kg}] \qquad (54\mathrm{a})$$

Experimentelle Messungen ergeben befriedigende Übereinstimmung mit der Formel (54). Man sieht, daß K mit der Abnahme von r anwächst, je kleiner also der Radius des Berührungspunktes ist, desto größer ist die trennende Kraft.

Aus diesem Beispiel ist zu ersehen, daß man bei der Berechnung der elektrodynamischen Kräfte immer genau untersuchen muß, ob das magnetische Feld im wesentlichen durch die Gesamtanordnung oder durch die unmittelbare Umgebung bestimmt wird. Überall da, wo starke Verengungen des Querschnittes auftreten, ist in der Umgebung mit sehr hoher magnetischer Feldstärke zu rechnen.

Die energetischen Verhältnisse beim Elektromagneten. Die Bemühungen, die Zugkraft eines Elektromagneten einigermaßen sicher vorauszuberechnen, sind schon sehr alt. Trotzdem verfügt man auch heute noch nicht über ein sicheres Verfahren. Bei jedem System mit einem Luftspalt treten im allgemeinen Streuflüsse auf, welche rechnerisch kaum zu erfassen sind. Sie ändern sich zudem noch sehr stark mit der Größe des Luftspaltes. Die Bedingung, die Amperewindungen da anzubringen, wo sie verbraucht werden, läßt sich bei veränderlichem Luftspalt nie streng erfüllen. Bei Wechselstrommagneten, die an konstanter Spannung liegen, ändert sich die Stromstärke und damit der Ohmsche Spannungsabfall fortlaufend, was Einfluß auf den magnetischen Fluß hat. All diese Umstände erschweren die Vorausberechnung außerordentlich.

Am einfachsten liegen die Verhältnisse noch, wenn die Zugkraft bei angezogenem Anker ermittelt werden soll. Wir fanden für die magnetische Energie den Ausdruck:

$$W_m = \frac{1}{2} \Sigma V \mu \mathfrak{H}^2 = \frac{1}{2} (V \mu \mathfrak{H}^2 + V_0 \mu_0 \mathfrak{H}_0^2)$$

Machen wir eine kleine virtuelle Verschiebung, so erhält man, da sich der Anteil der Energie im Eisen dabei nicht ändert, mit (34) folgende Beziehung für die Zugkraft:

$$K = \frac{dW_m}{dx} = \frac{1}{2} \mu_0 \mathfrak{H}^2 \cdot F; \text{ mit (34) erhält man:}$$

$$K = \frac{1}{2} \mu_0 (\mu_r \mathfrak{H})^2 F = \frac{1}{2} \mathfrak{B}^2 \cdot \frac{F}{\mu_0} \quad [\text{Ws/cm}] \qquad (55)$$

Wird $\mathfrak{B}$ in Gauß und die Kraft in kg gemessen, so erhält man:

$$K = 4{,}06\, \mathfrak{B}^2 \cdot F \cdot 10^{-8} \quad [\text{kg}], \qquad (55\text{a})$$

d.h. bei 10000 Gauß ergibt sich eine Kraft von etwa 4 kg/cm². Die Beziehung (55a) leistet für erste Abschätzungen meist recht gute Dienste.

Um die Zugkraft während der Bewegung des Ankers zu bestimmen, stellen wir nachstehende, von F. Emde zuerst angegebenen Betrachtungen an: An die Wicklung eines Magneten, die einen Widerstand von R Ohm aufweise, denken wir uns eine Gleichstromquelle der Spannung U angeschlossen. Das Induktionsgesetz für diesen Stromkreis ergibt dann:

$$u = iR + \frac{d\Psi}{dt} \tag{56}$$

Dabei ist:

$$\Psi = \Phi_z z = \frac{iz^2}{R_m} = iL, \tag{57}$$

(56) multipliziert mit idt, ergibt:

$$uidt - i^2Rdt = id\Psi \tag{58}$$

Es bedeutet hierin $uidt$ die in der Zeit dt von der Stromquelle abgegebene Energie, i^2Rdt die in der Zeit dt in Wärme umgesetzte elektrische Energie; $id\Psi$ muß somit ein Maß für die Zunahme der Energie des Magnetsystems sein. Wird der Anker festgehalten, so stellt $id\Psi$ die Zunahme der magnetischen Energie dW_m dar. Bewegt sich jedoch der Anker, so leistet er Arbeit, und es muß demnach die Änderung der magnetischen Energie um den Betrag der geleisteten mechanischen Arbeit dA kleiner sein. Wir erhalten somit für die Änderung der magnetischen Energie bei gleichzeitiger Bewegung des Ankers:

$$dW_m = id\Psi - dA, \tag{59}$$

d. h. die Änderung der magnetischen Energie dW_m ist gleich der gesamten dem System aufgedrückten Energie $id\Psi$, vermindert um die mechanische Arbeit dA. Für die Anwendungen ist zu beachten, daß $id\Psi$ gemäß (59) nicht etwa gleich der an die Spule abgegebenen Energie $uidt$ ist, sondern daß hiervon noch die Stromwärmeverluste i^2Edt abzuziehen sind.

Wir untersuchen nun an Hand von Abb. 66 die Energieumsetzung beim Elektromagneten. Zunächst werde bei dem Luftspalt x_1 und festgehaltenem Anker der Strom i eingeschaltet. Er stellt sich nach kurzer Zeit auf den stationären Wert I_1 ein. Der Fluß $\Psi = \Phi_z z$ wächst von 0 bis auf den Wert Ψ_1. Da keine Arbeit geleistet wird (der Anker ist festgehalten), erhält man nach (59):

$$dW_m = id\Psi,$$

d. h. der Zuwachs der magnetischen Energie kann in dem Ψi-Diagramm der Abb. 66a als Flächenstreifen mit dem Inhalt $id\Psi$ dargestellt werden (schräg schraffiert). Integriert erhält man:

$$W_1 = \int_0^{\Psi_1} i\,d\Psi \tag{60}$$

W_1 stellt somit die magnetische Energie beim Luftspalt x_1 dar. Es werde nun der Luftspalt auf x_2 verkleinert und der Strom bei wiederum festgehaltenem Anker von neuem eingeschaltet. Die Magnetisierungskurve muß nun infolge des kleineren magnetischen Widerstandes höher liegen, d. h. zu einem bestimmten Strom gehört ein größerer Fluß Ψ (vgl. Kurve 2 der Abb. 66 a). Der

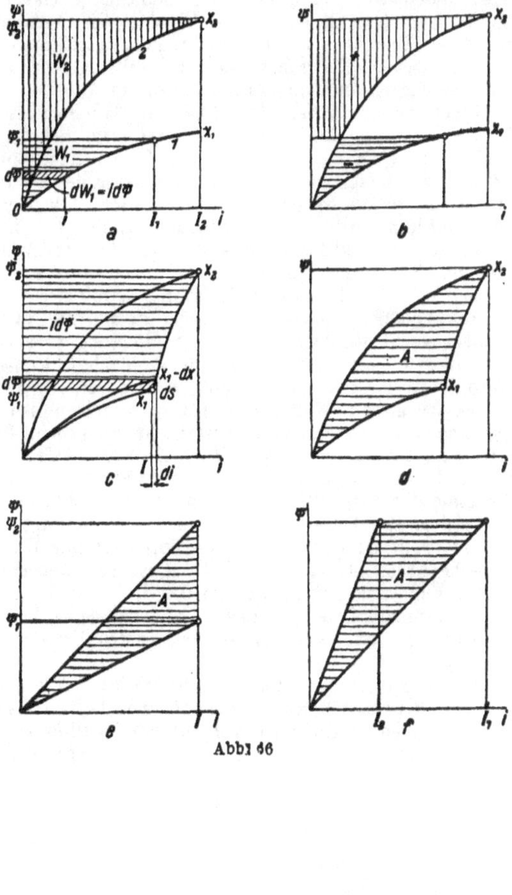

Abb. 66

Endwert, auf den sich der Strom nun einstellt, sei I_2. Ihm entspricht der Fluß Ψ_2. Die gesamte magnetische Energie beim Luftspalt x_2 wird:

$$W_2 = \int_0^{\Psi_2} i\,d\Psi \qquad (61)$$

In Abb. 66a stellt die Kurve 1 den Zusammenhang $\Psi = f(i_1 x_1)$ beim Luftspalt x_1 dar. Die magnetische Energie W_1 ist durch die horizontal schraffierte Fläche gegeben. Die Kurve 2 gilt für den kleineren Luftspalt x_2. Die senkrecht schraffierte Fläche stellt die zugehörige magnetische Energie W_2 dar. Die Zunahme der magnetischen Energie $W_2 - W_1$ ergibt sich durch Subtraktion der beiden Flächen. Dabei hebt sich der Teil, in dem sich die Flächen überdecken, auf, und es bleiben die in Abb. 66 b mit + und — bezeichneten Flächen übrig. $W_2 - W_1$ läßt sich also nicht durch eine zusammenhängende Fläche darstellen. Bei den Abb. 66a und b wurde angenommen, daß der Anker festgehalten ist. Bewegt sich der Anker, so muß neben der Vergrößerung der magnetischen Energie des Systems noch mechanische Arbeit geleistet werden. Zunächst werde der Ankerabstand x_1 um die unendlich kleine Größe dx verkleinert, dies bedingt eine Änderung des Stromes um di und des Flusses um $d\Psi$. Die dem System zugeführte Energie $i\,d\Psi$ ist dann durch den schräg schraffierten Flächenstreifen der Abb. 66c gegeben. Die Größen di und $d\Psi$, durch die das Linienelement ds nach Größe und Richtung gegeben ist, hängen nun ganz davon ab, wie sich der Anker beschleunigt, wie die Regulierwiderstände gehandhabt werden usw. Durchläuft der Anker den ganzen Weg von x_1 bis x_2, so reihen sich solche Flächenstreifen aneinander, und es ist leicht zu ersehen, daß die gesamte, dem System zugeführte Energie dann durch die horizontal schraffierte Fläche dargestellt wird. Subtrahiert man davon die Zunahme der magnetischen Energie gemäß Abb. 66b, wobei die Vorzeichen der betreffenden Flächen berücksichtigt werden müssen, so erhält man gemäß (59) als übrigbleibende Fläche die mechanische Arbeit A (vgl. Abb. 66d). A ist also gegeben durch die beiden Magnetisierungskurven bei den Luftspalten x_1 und x_2 und die Verbindungslinie zwischen x_1 und x_2, deren Form, wie bereits erwähnt wurde, von den verschiedensten Umständen abhängt.

Bei konstantem Strom i ist sie eine senkrechte, bei konstantem Fluß Ψ eine horizontale Gerade. Bei größerem Luftspalt kann in den meisten Fällen angenommen werden, daß der Fluß Ψ proportional dem Strom i ist (μ = konst.). Oft ist dabei noch der Strom

i selbst konstant. Dann vereinfacht sich das Diagramm wesentlich. Die mechanische Arbeit ergibt sich aus dem Dreieck der Abb. 66e.

Ein anderer, häufig vorkommender Fall liegt bei den Wechselstrom-Nebenschlußmagneten vor, bei denen die Klemmenspannung und damit $\Psi \approx$ konst. ist. A ergibt sich dann aus der schraffierten Fläche der Abb. 66f (Spannungsabfall im Widerstand beachten!).

Der Anstieg der Magnetisierungsgeraden läßt sich mit Hilfe von (7) und (57) leicht ermitteln. Aus Abb. 66e und f läßt sich durch Ausrechnung des Flächeninhalts die mechanische Arbeit unmittelbar angeben. Man erhält bei:

$$I = \text{konst.}: A = \int_{x_1}^{x_2} K dx = (\Psi_2 - \Psi_1)\frac{I}{2} = (L_2 - L_1)\frac{I^2}{2} \tag{62}$$

$$\Psi = \text{konst.}: A = \int_{x_1}^{x_2} K dx = (I_1 - I_2)\frac{\Psi}{2} = \left(\frac{1}{L_1} - \frac{1}{L_2}\right)\frac{\Psi^2}{2}, \tag{63}$$

d. h. bei konstantem Strom ist die mechanische Arbeit proportional der Zunahme der Induktivität L, bei konstanter Spannung hingegen proportional der Abnahme von $\frac{1}{L}$ [1]).

Die Kraft in einem Punkte x erhält man aus der Ableitung von A nach x.

$$K = \frac{\partial A}{\partial x} \approx \frac{\Delta A}{\Delta x}$$

Für i bzw. Ψ = konst. wird:

$$I = \text{konst.}: K_I = \frac{\Delta \Psi}{\Delta x} \cdot \frac{I}{2} = \frac{1}{2} I^2 \frac{\partial L}{\partial x} \tag{64}$$

$$\Psi = \text{konst.}: K_\Psi = -\frac{\Delta i}{\Delta x}\frac{\Psi}{2} = -\frac{1}{2}\Psi^2 \frac{\partial}{\partial x}\left(\frac{1}{L}\right), \tag{65}$$

wobei nach (9): $L = \frac{z^2}{R_m}$. Die Dimension von K wird:

$$[K] = \text{Vs} \cdot \text{A/cm} = \text{Ws/cm}$$

---

[1]) Dieses Resultat ergibt sich direkt aus (59). Bei Ψ = konst. ist $d\Psi = 0$ und somit $dA = -dW$. Bei i = konst. ist $i d\Psi = 2\,dW$, somit $dA = +dW$.

Bei Wechselstrommagneten ist der Blindverbrauch gegeben durch:

$$N_b = \omega L I^2 \tag{66}$$

Bekanntlich ist die magnetische Energie:

$$W_m = \frac{LI^2}{2} = \frac{\Psi I}{2},$$

somit:

$$N_b = 2\omega W_m = \omega \hat{W}_m \tag{67}$$

Dabei bedeutet W_m die mittlere auf I_{eff} bezogene und $\hat{W}_m$ die maximale magnetische Energie. Wenn nun entweder I_{eff} oder $\Psi_{\text{eff}} = \Phi_{\text{eff}} \cdot z$ während der Bewegung des Ankers konstant bleibt, so ist nach (59) u. Anm. S. 103: $|A| = \Delta W_m$, d. h. der Blindverbrauch ändert sich bei der Bewegung des Ankers um den Wert $2\omega A$. Durch die Hubarbeit A und die Kreisfrequenz $\omega = 2\pi f$ ist für einen Wechselstrommagneten eine untere Grenze für den Blindverbrauch festgelegt.

Modellgesetze der Elektromagnete. In der Technik macht man bei der Vorausberechnung oftmals, wenn die Zusammenhänge nur schwer zu übersehen sind, Gebrauch von Modellgesetzen. Wir wenden entsprechende Überlegungen auf zwei Magnete an, wobei der zweite aus dem ersten hervorgeht, indem seine Abmessungen in jeder Richtung um den Faktor ε verändert, d. h. vergrößert oder verkleinert werden. Bezeichnet man die Größen des ersten Magneten ohne, die entsprechenden Größen des zweiten Magneten mit einem Strich, so erhält man folgende Gegenüberstellung:

Bisheriger Magnet	Neuer Magnet
1. $\oint \mathfrak{H} d\mathfrak{s} = iz = \mathfrak{H}_0 l_0$	1. $\oint \mathfrak{H}' d\mathfrak{s} = \varepsilon iz = \mathfrak{H}_0 \varepsilon l$ d. h. $\mathfrak{H}_0' = \mathfrak{H}_0$
2. $\Phi = \dfrac{iz}{R_m} = \dfrac{iz}{\dfrac{l}{\mu F}}$	2. $\Phi' = \varepsilon^2 \Phi$
3. $L = z^2 \Lambda = z^2 \dfrac{\mu F}{l}$	3. L' (für $z' = z$) $= \varepsilon L$ L' (für $i' = i$) $= \varepsilon^3 L$

Bisheriger Magnet (Fortsetzung)	Neuer Magnet (Fortsetzung)
4. $W_m = \frac{1}{2} V \mu \mathfrak{H}_0^2$	4. $W'_m = \varepsilon^3 W_m$
5. $K = \frac{1}{2} F \mu_0 \mathfrak{H}_0^2$	5. $K' = \varepsilon^2 K$
6. $A = Ks$	6. $A' = K's\varepsilon = \varepsilon^3 Ks = \varepsilon^3 A$
7. $b = \frac{K}{m} = \frac{Kg}{V\gamma}$ [1]	7. $b' = \frac{\varepsilon^2 Kg}{\varepsilon^3 V\gamma} = \frac{b}{\varepsilon}$

Würde man den neuen Magneten mit der gleichen Amperewindungszahl betreiben wie den alten, so ergäbe sich; $K' = K$, d. h. die Zugkraft wäre unverändert. Es würde dann aber auch die Streuung eine andere sein, da das neue System schwächer gesättigt wäre als das alte. Daraus geht hervor, daß man nur dann das gleiche Feldbild erhält, wenn auch die Amperewindungszahl im gleichen Maßstab vergrößert wird.

In Abb. 67 ist das Arbeitsvermögen A in Abhängigkeit vom Eisengewicht $G' = \varepsilon^3 G$ eines Zweischenkelmagneten aufgetragen. Man erkennt daraus, daß der auf Grund der Modellgesetze zu erwartende Zusammenhang recht gut wiedergegeben wird. Es ist allerdings darauf zu achten, daß bei einem kleinen Modellmagneten die Niete im Blechpaket so angeordnet werden, daß keine Kurzschlußwindungen entstehen können, und daß die Niete selbst im gleichen Maß verkleinert werden; andernfalls können recht erhebliche Fehler entstehen. Ferner ist bei den Umrechnungen zu beachten, ob die Amperewindungen des neuen Magneten durch Vergrößern des Stromes oder der Windungszahl oder durch eine Mischung von beiden erzeugt werden; je nachdem ist das Wachstumsgesetz für Widerstand und Induktivität ein anderes, was entsprechenden Einfluß auf die Größe Ψ hat.

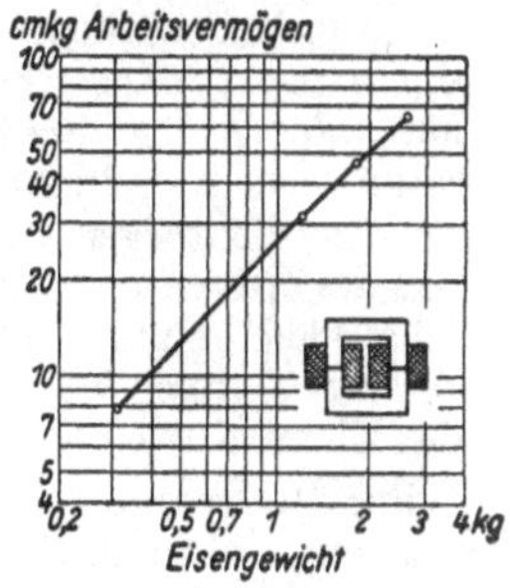

Abb. 67.

[1]) b = Ankerbeschleunigung; m = Ankermasse.

5. Kapitel

Die Beanspruchung beim Ein- und Ausschaltvorgang Lichtbogenlöschung

Einschalten

Überblick. Wird ein Kontakt bei kleiner Spannung ($u < 300$ V) geschlossen, so besteht die Möglichkeit einer lichtbogenfreien Einschaltung, wenn der Stromanstieg nicht so steil ist, daß bereits im ersten Augenblick der Berührung die dann bestehenden Kontaktbrücken schmelzen, so daß ein sog. Spratzen der Kontakte auftritt. Es kann auch vorkommen, daß die geschmolzenen Brücken bei der Abkühlung verschweißen, wodurch ein Wiederöffnen des Kontaktes erschwert, ja sogar verhindert sein kann. In der Mehrzahl der Fälle beobachtet man aber, daß nach der ersten Berührung wieder eine Kontaktabhebung, ein sog. Prellen, auftritt. Dieser Vorgang wiederholt sich meist einige Male, wodurch ein Kontaktabbrand beim Einschalten zustande kommt. Wird in einer Flüssigkeit eingeschaltet, so kann infolge der Lichtbogenbildung und der dadurch bedingten Gasentwicklung das Wiederschließen der Kontakte erschwert sein. Die Anwesenheit von Wasserstoff bedingt im allgemeinen höhere Lichtbogenspannung und damit auch höheren Abbrand.

Infolge der hohen Durchschlagsfestigkeit von Öl bereitet das Einschalten unter Öl im allgemeinen auch bei höheren Spannungen keine nennenswerten Schwierigkeiten. Es muß nur dafür gesorgt werden, daß die Einschaltung immer vollständig zur Durchführung gelangt, da andernfalls über den Einschaltlichtbogen der Stoßkurzschlußstrom fließen kann, was des öfteren zu folgenschweren Zerstörungen und schweren Ölbränden geführt hat. In neuerer Zeit wird sowohl bei Wasser- als auch bei Preßgasschaltern in zunehmendem Maße die Einschaltung in ruhender Luft durchgeführt.

Der Prellvorgang. Wegen der großen praktischen Bedeutung, welche das Prellen der Kontakte besitzt, sollen die sich dabei abspielenden Vorgänge etwas näher untersucht werden.

Wir nehmen an (vgl. Abb. 68), daß ein Kontaktstück mit der Masse m, dessen Stirnfläche gewölbt sei (Krümmungsradius r), mit der Geschwindigkeit v_0 unter dem gleichzeitigen Angriff der Kraft K auf einen ruhenden, ebenen Kontakt mit gegenüber m praktisch unendlich großer Masse auftreffe. Es wird dann in diesem System eine Spannungsenergie W_s aufgespeichert, welche gegeben ist durch die kinetische Energie des auftreffenden Kontaktes und die Arbeit der Kraft K längs der gesamten Deformation δ. Es ist somit:

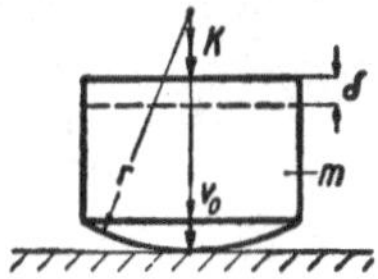

Abb. 68.

$$W_s = \frac{m v_0^2}{2} + K\delta \qquad (1)$$

Ein Teil der Energie W_s geht verloren; der Rest $\varkappa^2 W_s$, $0 < \varkappa^2 < 1$, versucht das bewegliche Kontaktstück entgegen der Kraft K wieder zurückzudrücken. Ist $\varkappa^2 W_s \leqq K\delta$, so wird kein Abheben stattfinden. Die Bedingung für prellfreies Schalten lautet daher:

$$\varkappa^2 \left(\frac{m v_0^2}{2} + K\delta\right) \leqq K\delta \text{ [1]} \qquad (2)$$

Wir müssen nun versuchen, die Deformation δ abzuschätzen. Nach den Untersuchungen von H. Hertz gilt für eine Anordnung gemäß Abb. 68 im Gebiet elastischer Deformationen nachstehender Zusammenhang zwischen Stoßkraft P und Weg x (vgl. z. B. „Hütte" 27. Aufl. S. 395):

$$P = c_1 x^{3/2}, \qquad (3)$$

wobei

$$c_1 \approx 1{,}8\, G \sqrt{r} \qquad (3a)$$

G = Gleitmodul des Kontaktwerkstoffes, r = Krümmungsradius. Die Arbeit, welche die Kraft P beim Zusammenpressen der Kontakte um die Strecke δ leistet, ist aber offenbar gleich der Spannungsenergie W_s.

[1]) $\varkappa^2$ entspricht nicht genau der Stoßzahl $k^2 = \frac{h_1}{h}$, näherungsweise kann jedoch gesetzt werden: $\varkappa \approx 0{,}8\, k$ (vgl. auch Hütte 27. Aufl. S. 393).

Zusammen mit (1) wird daher:

$$W_s = \int_{x=0}^{\delta} P dx = \int_0^{\delta} c_1 x^{3/2} dx = \frac{mv_0^2}{2} + K\delta$$

$$\frac{2}{5} c_1 \delta^{5/2} = \frac{mv_0^2}{2} + K\delta \qquad (4)$$

δ aus (2) in (4) eingesetzt führt zu:

$$K = f(\varkappa)\, G^{0,4}\, r^{0,2} \left(\frac{mv_0^2}{2}\right)^{0,6}, \text{ wobei} \qquad (5)$$

$$f(\varkappa) = \varkappa^2 \sqrt[5]{\frac{0,51}{(1-\varkappa^2)^3}} \qquad (5a)$$

Aus (5) geht hervor, daß flache Kontakte (r sehr groß) mehr zum Flattern neigen als gewölbte. U. U. können die mit Schallgeschwindigkeit hin- und herlaufenden Deformationswellen zu zusätzlichen Kontaktabhebungen führen.

Für Kupfer mit $\varkappa^2 = 0,2 \ldots 0,3$ ist $f(\varkappa) \approx \varkappa^2$; $G \approx 0,45 \cdot 10^6$ kg/cm², d. h. $G^{0,4} = 183$. Damit erhält man als Näherungsformel:

$$K \approx 45\, r^{0,2} \left(\frac{mv_0^2}{2}\right)^{0,6} \qquad (6)$$

Bei schiefem Stoß ist nur die Normalkomponente von v_0 in Rechnung zu setzen.

B e i s p i e l: Der bewegliche Kupferkontakt habe ein Volumen von 1cm³, somit eine Masse

$$m = \frac{1 \cdot 8,9 \cdot 10^{-3}}{981} \approx 8,9 \cdot 10^{-6}\ \text{kg}^*;$$

der Krümmungsradius sei $r = 3$ cm, die Auftreffgeschwindigkeit $v_0 = 1$ m/s $= 100$ cm/s. Aus (6) folgt:

$$K = 45 \cdot 1,24 \left(\frac{8,9 \cdot 10^{-6} \cdot 10^4}{2}\right)^{0,6} = 8,7\ \text{kg}$$

Der genaue Wert gemäß (5) ist: $K = 9,1$ kg. Versuche bestätigen die Rechnung.

Lufteinschaltung bei Hochspannungsschaltern. Wenn sich zwei Kontakte nähern, wird der Überschlag meist während des Spannungsmaximums erfolgen. Der Abstand kann aus den Kurven der Abb. 31 und 34 entnommen werden. Der Verlauf des Stromes ergibt sich mit den im ersten Kapitel abgeleiteten Beziehungen (26) und (27). Die Einschaltarbeit ist gegeben durch:

$$A_e = \int_0^{t_e = \frac{a}{v_e}} u_B i dt \qquad (7)$$

Hierbei bedeutet a den Abstand, bei dem der Überschlag erfolgt, und v_e die mittlere Einschaltgeschwindigkeit. Da man im allgemeinen an den Größen a und i nichts ändern kann, läßt sich die Einschaltarbeit nur verringern durch Herabsetzen von t_e, was einer Vergrößerung der Einschaltgeschwindigkeit v_e gleichkommt; ferner durch Verringerung von u_B. Das Minimumprinzip lehrt, daß der Lichtbogengradient und damit u_B am kleinsten wird, wenn der Lichtbogen möglichst unbeeinflußt brennt. Man wird daher die Einschaltstelle in freier Luft anordnen und nicht etwa in eine Kammer einschließen, da durch letztere Maßnahme immer eine Strömung entsteht, was mit einer bedeutenden Erhöhung der Lichtbogenspannung verbunden wäre. Die Zeit t_e wird man in der Größenordnung von $\frac{1}{4f}$ wählen, so daß der Einschaltvorgang vollendet ist, bevor der Kurzschlußstrom seinen Amplitudenwert erreicht. Unter Beachtung dieser Gesichtspunkte lassen sich bis zu Spannungen von etwa 100 kV alle praktisch auftretenden Kurzschlußströme betriebssicher einschalten. Voraussetzung ist dabei, daß die Kontakte möglichst prellfrei arbeiten.

Energetische Zusammenhänge beim Ausschalten

Überblick. Im eingeschalteten Zustand wird ein Leistungsschalter durch die an ihm liegende Spannung und den durch ihn fließenden Strom beansprucht. Bei Überspannungen kann die Spannungsbeanspruchung, bei Kurzschluß die thermische

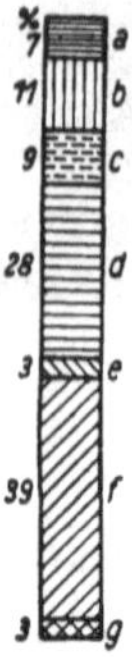

Abb. 69.

a) Kontaktenergie
b) Strahlung und Leitung
c) Erwärmung und Verdampfung des Öles
d) Zersetzung des Öles
e) Ausdehnung der Gase
f) Erwärmung der Gase
g) Dissoziation des Wasserstoffs

und dynamische Beanspruchung groß werden. Mit Beginn der Unterbrechung tritt im allgemeinen ein Lichtbogen auf, und es läßt sich leicht abschätzen, daß während des Unterbrechungsvorgangs die Energieumsetzung im Schalter infolge der freiwerdenden Schaltarbeit etwa 1 Million mal größer wird. Mit derartigen Energieumsetzungen sind selbstverständlich Beanspruchungen der verschiedensten Art verbunden.

Einen Einblick in die Energiebilanz gibt Abb. 69, welche die Aufteilung der Schaltarbeit in einem Ölschalter normaler Bauart nach Untersuchungen von C. E. R. Bruce zeigt. Man erkennt hieraus, daß es unbedingt notwendig ist, sich mit den energetischen Zusammenhängen eingehend zu befassen, da sonst eine sichere und wirtschaftliche Bemessung der Schaltgeräte nicht möglich ist.

Bis etwa zum Jahre 1924 hat man sich im wesentlichen damit begnügt, die Größe der Schaltarbeit und die damit in Zusammenhang stehende Beanspruchung, insbesondere die Druckbeanspruchung, zu ermitteln. Da aber die Schaltarbeit gegeben ist durch

$$A = \int_0^{t_a} u_B \, i \, dt,$$

erkennt man, daß es zur wirtschaftlichen Lösung des Schalterproblems notwendig ist, die Löschung schon nach möglichst kurzer Zeit herbeizuführen, d. h. t_a klein zu machen. Dies kommt darauf hinaus, durch eine bewußte Beeinflussung und Steuerung des Lichtbogens die Schaltarbeit zu verringern. Man wird dabei bei Gleichstrom andere Wege gehen müssen als bei Wechselstrom.

Ausschalten von Gleichstromkreisen. Wendet man den Energiesatz auf einen Stromkreis, wie er in Abb. 15 dargestellt ist, an, so ergibt sich:

$$A = \int_0^{t_a} u_B i dt = \int_0^{t_a} (Ui - i^2 R)\, dt - L \int_I^0 i di \tag{8}$$

Aus (8) erkennt man, daß beim Abschalten eines Gleichstromes $I = U/R$ im Schalter neben der magnetischen Energie des Stromkreises auch noch die während des Abschaltvorganges von der Stromquelle nachgelieferte Energie vernichtet werden muß. Dies ist nur möglich, wenn die Lichtbogenspannung u_B verhältnismäßig groß ist. Die Schaltarbeit könnte im günstigsten Fall gleich der magnetischen Energie selbst sein, sofern nicht durch Verluste in der Induktivität ein Teil dieser Energie aufgezehrt wird. (Dies scheint beim Abschalten von Hauptstrommotoren der Fall zu sein.) Bei modernen Schaltern mit scharfer Löschung hat jedoch A etwa den 1,2 bis 1,6-fachen Wert der magnetischen Energie.

Die Berechnung der Ausschaltzeit t_a erfolgt am einfachsten graphisch. Aus (51), S. 26 ergibt sich bei Auflösung nach dt:

$$dt = \frac{L}{\Delta u} \cdot di \, .$$

Somit wird:

$$t = L \cdot \int_I^i \frac{1}{\Delta u} \cdot di \, . \tag{9}$$

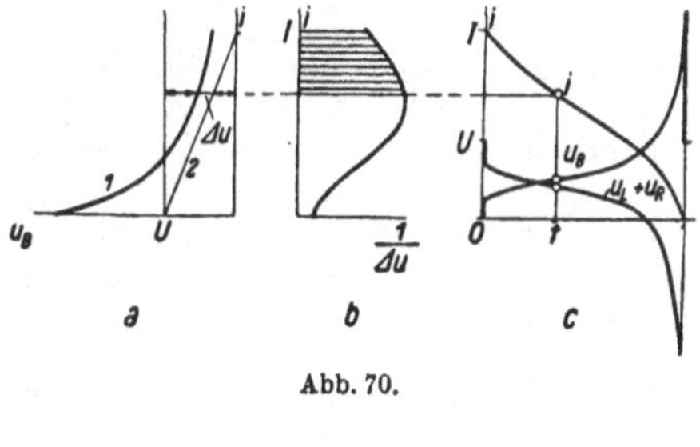

Abb. 70.

Die graphische Lösung von (9) zeigt Abb. 70, welche wohl ohne weiteres verständlich ist. Der Schnittpunkt der i-Kurve in Abb. 70c mit der Zeitachse ergibt die Ausschaltzeit t_a. Die Größe $U - u_B$ muß gleich sein dem Gesamtspannungsbedarf an Widerstand und Induktivität, d. h. es ist:

$$U - u_B = u_L + u_R. \tag{10}$$

Im Augenblick des Stromnulldurchgangs ist $u_R = 0$, und es wird dann die Überspannung:

$$u' = U_l - U = |u_L| \tag{11}$$

U_l entspricht der Löschspannung des Schalters; sie wird um so kleiner, je kleiner der Ausschaltweg ist. Der tiefste zulässige Wert der Löschspannung ist dadurch gegeben, daß die Charakteristik noch über der Widerstandslinie des Stromkreises liegen muß. (Vgl. Abb. 16 S. 27.) Die Anwendung von Blasfeldern verkürzt zwar die Schaltdauer, ergibt aber im allgemeinen beträchtliche Überspannungen.

Abb. 71 zeigt die Auswertung einer oszillographischen Aufnahme beim Abschalten eines Gleichstromkreises mit 345 V treibender Spannung, einem Widerstand $R = 24 \cdot 10^{-3}\ \Omega$ und einer Induktivität $L = 18 \cdot 10^{-3}$ H. Ersetzt man die etwas zackige Lichtbogenkurve, welche durch teilweises Kurzschließen von Lichtbogenschleifen zustande kommt, durch eine Mittellinie

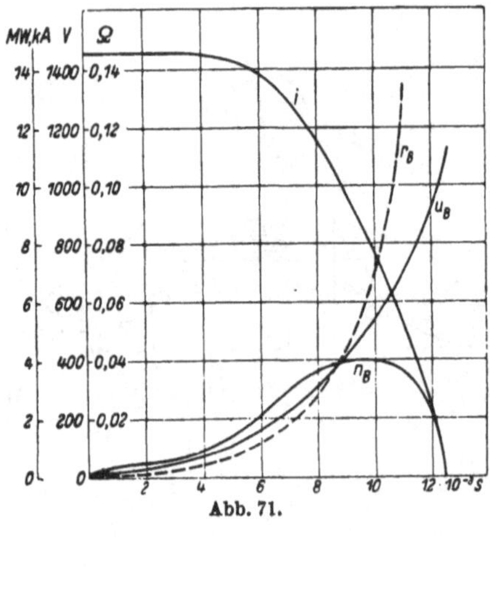

Abb. 71.

so ergibt sich ein zeitlicher Verlauf von Strom i, Lichtbogenspannung u_B, Lichtbogenwiderstand r_B und Lichtbogenleistung n_B, wie er in Abb. 71 dargestellt ist. u_B läßt sich in guter Näherung durch nachstehendes Gesetz darstellen:

$$u_B = 37{,}5\,(e^{275\,t} - 1). \qquad (12)$$

Die magnetische Energie des Stromkreises betrug in diesem Fall 19 kWs, die Schaltarbeit ergibt sich zu 27 kWs. Im Augenblick der endgültigen Unterbrechung trat, wie Abb. 71 zeigt, eine Überspannung vom 3,4fachen Wert der Betriebsspannung auf. Als Lichtbogengradienten in Niederspannungsschaltern findet man je nach der Kühlung und Stärke des magnetischen Blasfeldes Werte von $E_B = 20 \ldots 25$ V/cm.

Durch Entladung eines Kondensators oder Gegenschalten einer elektromotorischen Kraft anderen Ursprungs kann ein resultierender Strom erzeugt werden, welcher durch Null geht. Es läßt sich dann das Abschalten eines Gleichstromes auf das Abschalten eines Wechselstromes zurückführen, so daß insbesondere die Bedingung, daß die Unterbrechung nur bei relativ großer Lichtbogenspannung möglich ist, hinfällig wird.

Ausschalten von Wechselstromkreisen. Für die Schaltarbeit je Halbwelle findet man in diesem Fall:

$$A = \int_0^{\frac{T}{2}} u_B\, i\, dt = \int_0^{\frac{T}{2}} (u - Ri)\, i\, dt - \underbrace{L \int_{i=0}^{i=0} i\, di}_{0} = \int_0^{\frac{T}{2}} u\, i\, dt - \int_0^{\frac{T}{2}} R i^2 dt \qquad (13)$$

Aus (13) ist ersichtlich, daß im Gegensatz zu Gleichstromkreisen die magnetische Energie nicht im Lichtbogen vernichtet werden muß, sondern an die Stromquelle zurückgeliefert wird. Es kann daher die durch (13) gegebene Bedingung an sich bei beliebig kleiner Lichtbogenspannung u_B erfüllt werden, ja es ist geradezu Aufgabe des Schalterbaues, die Abschaltung mit möglichst kleiner Lichtbogenspannung zu bewirken.

Für die weiteren Überlegungen benötigen wir des öfteren den zeitlichen Verlauf der Lichtbogenspannung. Im einfachsten Fall ergibt sich:

$$u_B = E_B v t \qquad (14)$$

Darin bedeutet E_B den Lichtbogengradienten und v die mittlere Ausschaltgeschwindigkeit. Meist nimmt aber die Lichtbogenspannung schneller als linear zu. Brauchbare Ansätze sind:

$$u_B = \frac{E_B}{m} \cdot (e^{vmt} - 1) \tag{15}$$

oder bei Entwicklung der e-Funktion in eine Reihe:

$$u_B = E_B v \left(t + \frac{mv}{2} t^2\right) \tag{15a}$$

Einige Werte für E_B sind in Tafel 7 wiedergegeben.

Für sinusförmigen Verlauf des Stromes und eine Lichtbogenspannung gemäß (15a), wobei $E_B = 60$ V/cm, $v = 500$ cm/s und $m = 0{,}4$, findet man einen zeitlichen Verlauf der Abschaltarbeit A und der Lichtbogenleistung $N = u_B i$ gemäß Abb. 72.

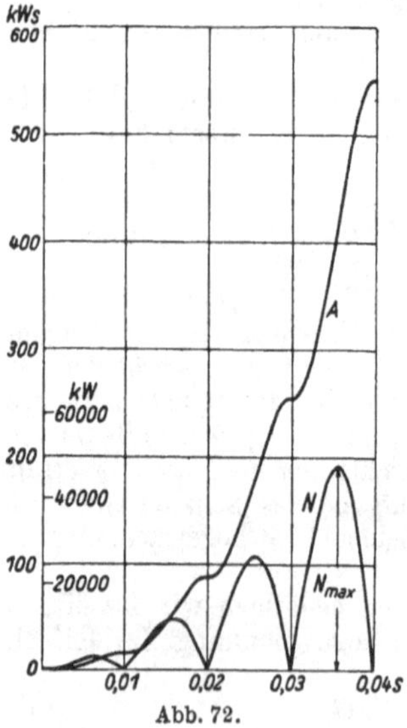

Abb. 72.

Zwischen der aus einer Flüssigkeit oder einem festen Körper erzeugten Gas-Dampfmenge und der Schaltarbeit bestehen nach B. Bauer die einfachen Beziehungen:

$$V_0 = cA \quad \text{bzw.} \quad V_h = c_h A \tag{16}$$

Darin bedeutet c die Gaserzeugung je kWs, bezogen auf 1 at abs. und 20° C, c_h die gleiche Gasmenge, jedoch bezogen auf 1 at abs. und die Temperatur der Gasblase während des Brennens des Lichtbogens. (Bei Ölschaltern etwa 2000 bis 3000°.) Das Verhältnis $c_h : c$ liegt im allgemeinen zwischen 6 und 10. Einige Werte von c enthält Tafel 8.

Bei der Beanspruchung von Schaltern hat man zu unterscheiden, ob es sich um geschlossene oder offene Systeme handelt. Bei den ersteren akkumuliert sich die gesamte Gasmenge, und es ist klar, daß die Druckbeanspruchung durch den Höchstwert von A gegeben ist (Ölschalter). Bei anderen Schaltern (Preßgasschalter, Expansionsschalter) ist die in der ersten Halbwelle erzeugte Gasmenge meist bei Beginn der zweiten Halbwelle im wesentlichen schon aus dem Schalter entwichen. Bei diesen Schaltern ist die Höchstbeanspruchung gegeben durch N_{max}.

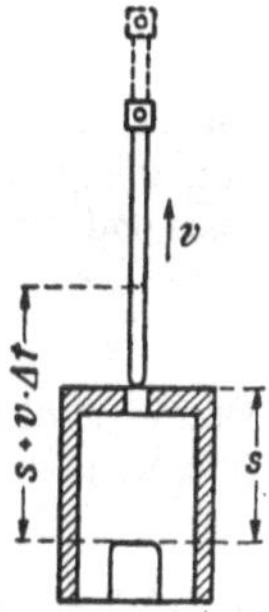

Abb. 73.

Für alle Schalter mit stromabhängiger Löschmittelerzeugung (Öl-, Expansions-, Hartgasschalter) lassen sich einige Gesetzmäßigkeiten angeben, welche für die Bemessung von grundsätzlicher Bedeutung sind. Wird aus einer an sich beliebigen Schaltkammer ein Schaltstift herausgezogen (vgl. Abb. 73), so gibt es eine günstigste Stellung des beweglichen Schaltstiftes, bei der gerade die Löschung erfolgen kann. Wir nennen sie die Mindestlöschdistanz s. Eine Löschung tritt aber nur dann auf, wenn in dieser Stellung des Schaltstiftes der Strom gerade durch Null geht. Liegt der Stromnulldurchgang etwas früher, so daß zu diesem Zeitpunkt die Löschdistanz noch nicht ganz erreicht ist, so wird in Einphasenkreisen der Lichtbogen eine Halbwelle länger brennen. Der Stift verschiebt sich dabei in die punktiert eingezeichnete Lage. Man erkennt leicht, daß die maximale Lichtbogendauer gegeben ist durch:

$$\hat{t}_a = \frac{s}{v} + \Delta t \tag{17}$$

v = mittlere Ausschaltgeschwindigkeit.

In Einphasenkreisen ergibt sich bei einer Frequenz f für die natürliche Streuzeit:

$$\Delta t_{\sim} = \frac{1}{2f}. \tag{18}$$

Für Drehstrom wird:

$$\Delta t_\Delta = \frac{1}{2f} \cdot \frac{5}{6} \tag{18a}$$

Für die Schaltarbeit findet man bei linearem Anstieg der Lichtbogenspannung gemäß (14):

$$A = \int_0^{t_a = \frac{s}{v} + \Delta t} E_B v t i d t\,, \tag{19}$$

woraus hervorgeht, daß A bei einem ganz bestimmten Wert von v ein Minimum aufweisen muß. Man findet die überraschend einfache Beziehung:

$$v_0 = \frac{s}{\Delta t} \tag{20}$$

Damit ergibt sich zusammen mit (17) die maximale Ausschaltzeit zu:

$$\hat{t}_a = 2\Delta t, \tag{21}$$

d. h. die günstigste Auslegung eines Schalters mit linear ansteigender Lichtbogenspannung ist dann gegeben, wenn die Lichtbogendauer zwischen Δt und $2\Delta t$ liegt. Aus (20) geht hervor, daß die günstigste Ausschaltgeschwindigkeit um so kleiner sein soll, je kleiner die Löschdistanz ist. Nimmt die Lichtbogenspannung schneller als linear, z. B. gemäß (15a) zu, so verringert sich v_0 und erhöht sich $\hat{t}_a$ (vgl. Abb. 74). Für einen Expansionsschalter mit 10 cm Löschdistanz findet man z. B.:

$$v_0 = 6 \text{ m/s};$$

$$\hat{t}_a = 2{,}4 \text{ HW}.$$

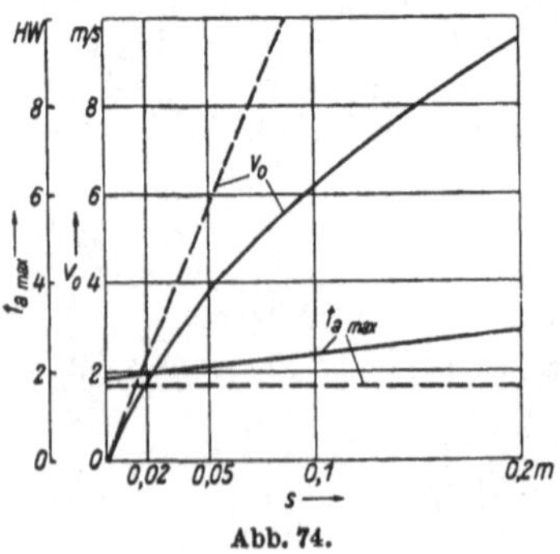

Abb. 74.

Die praktischen Ausführungen der Schalter stimmen hiermit überein.

Die abgeleitete Beziehung für die günstigste

Schaltgeschwindigkeit gilt nur für Schalter, deren Beanspruchung durch A gegeben ist.

Für die Berechnung des höchsten Druckes benutzt man zweckmäßig die Beziehung:

$$p = \frac{V_h}{V} \text{ [at abs.]}, \tag{22}$$

worin V_h aus (16) zu entnehmen ist; V bedeutet das dem erzeugten Gas zur Verfügung gestellte Volumen.

Bei Preßgasschaltern, d. h. Schaltern mit vom Strom unabhängiger Löschmittelerzeugung, können infolge der plötzlichen Erhitzung des Gases durch den Lichtbogen ebenfalls Drücke entstehen, die hohe Beanspruchungen ergeben. Daneben spielt aber die Ausbildung des sog. Rückstaudruckes noch eine wesentlich wichtigere Rolle, weil hierdurch der Strömungsvorgang in der Düse behindert werden kann. Tritt nämlich aus einem Behälter (vgl. Abb. 75) kaltes Gas aus, und wird ihm während des Ausströmens eine konstante Wärmemenge Q in Form von Lichtbogenenergie zugeführt, so findet man unter plausiblen Annahmen für Luft und Wasserstoff eine Verringerung der Strömungsgeschwindigkeit w_1 in Abhängigkeit von der Lichtbogenleistung N, dem Ausströmquerschnitt f und dem Druck im Kessel p_0, wie sie durch Abb. 76 gegeben ist. In Wirklichkeit haben

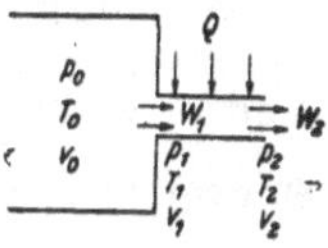

Abb. 75.

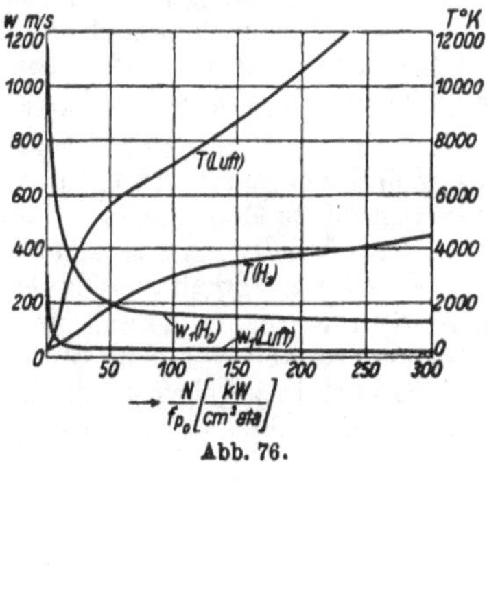

Abb. 76.

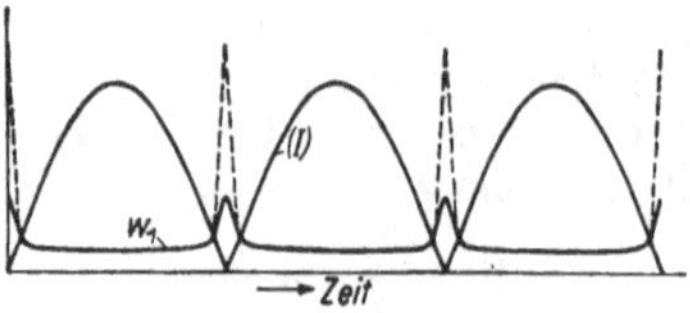

Abb. 77.

wir es jedoch mit Wechselstrom zu tun, so daß die Verringerung der Strömungsgeschwindigkeit nur in der Umgebung der Amplitude auftreten müßte. Da sich die Geschwindigkeit jedoch nicht verzögerungsfrei einstellen kann, wie dies gestrichelt in Abb. 77 angedeutet ist, so wird man auch während des Stromnulldurchgangs (vgl. ausgezogene Kurve) eine Verringerung der Strömungsgeschwindigkeit und damit eine Behinderung der Löschung zu erwarten haben. Aus Abb. 76 erkennt man, daß kleine Werte von $\frac{N}{f p_0}$ nur zu erzielen sind bei hohem Gasdruck p_0 und großem Düsenquerschnitt f. Es ist daher verständlich, daß Preßgasschalter für große Abschaltleistungen hohen Druck und relativ großen Düsenquerschnitt und damit auch große Luftmengen in Anspruch nehmen.

Meist werden Preßgasschalter mit Schalldämpfern zur Verringerung des Geräusches benutzt. Da die Geräuschdämpfung nur gut ist, wenn die Ausströmung in einem gewissen Maß behindert wird, so erkennt man, daß auch durch den Schalldämpfer ein Gegendruck erzeugt werden kann, der um so größer ist, je größer die Schaltarbeit und je kleiner sein Volumen ist.

Bei allen bisher üblichen Bauarten von Lichtbogenschaltern besteht die wirkungsvollste Maßnahme zur Verringerung von A und N darin, die Löschdistanz s so klein wie möglich zu machen. Noch günstigere Verhältnisse liegen vor bei Anwendung einer Synchronsteuerung, wobei die Kontakttrennung gerade so weit vor dem Stromnulldurchgang eingeleitet wird, daß bei der gegebenen Ausschaltgeschwindigkeit des Schalters die Löschdistanz beim Nulldurchgang selbst erreicht wird. Aus Abb. 78 erkennt man, daß es mit Hilfe dieser Maßnahme möglich ist, die Schaltarbeit nochmals um etwa eine Größenordnung zu verringern oder, was das gleiche heißt, die Abschaltleistung bei gleichem Werkstoffaufwand ganz bedeutend zu vergrößern. Einphasen-Expansionsschalter für $16^2/_3$ Hz werden seit längerer Zeit mit Synchronsteuerung betrieben.

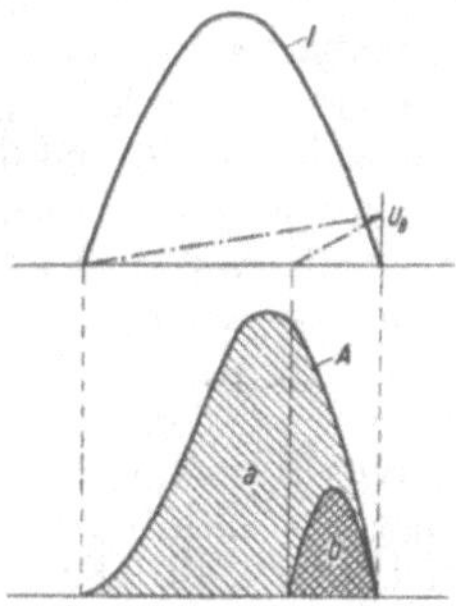

Abb. 78.

Lichtbogenlöschung

Kühlung und Entionisierung in praktisch ruhendem Gas. Brennt ein Lichtbogen z. B. in ruhender Luft, und wird die Stromzufuhr zur Zeit $t = 0$ durch Öffnen eines Schalters unterbrochen, so lehrt der Versuch, daß die zwischen den Elektroden befindliche Restsäule erst nach einer Zeit von 0,1 bis 0,3 s soweit entionisiert und gekühlt ist, daß beim Wiederzuschalten der Spannung kein Überschlag mehr auftritt. Diese Erkenntnis ist wichtig für die sog. Kurzschlußlöschung. Den Zusammenhang zwischen Strom, Spannung und erforderlicher spannungsloser Pause zeigt Abb. 79.

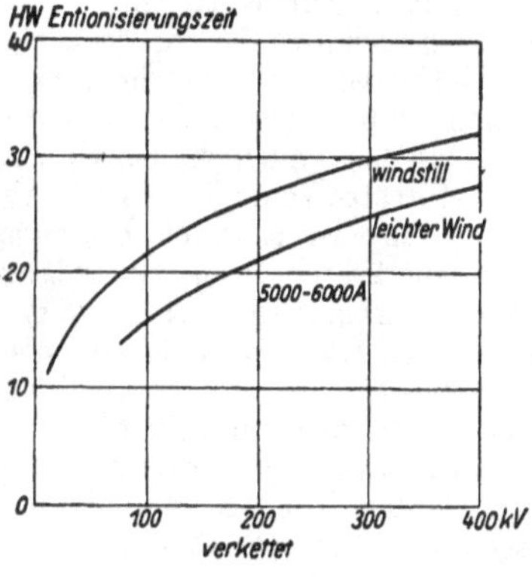

Abb. 79.

Es ist verständlich, daß derart lange Entionisierungszeiten für den Schalterbau unbrauchbar sind, und es müssen daher Mittel angewandt werden, um die Entionisierung und Kühlung zu beschleunigen. Bei Gleichstromschaltern wird der

Bogen durch ein Magnetfeld schnell bewegt und in Lichtbogenkammern gekühlt. Voraussetzung für das Erlöschen ist, wie wir gesehen haben, daß der Energieentzug pro Zeiteinheit größer ist als die von der Stromquelle zugeführte Leistung.

Bei Wechselstromschaltern erlischt der Lichtbogen kurz vor Erreichen des natürlichen Stromnulldurchgangs infolge ungenügender Energiezufuhr. Würde damit eine sofortige Kühlung und Entionisierung der Restsäule verbunden sein, so wäre bei jedem Wechselstromschalter nach Auftreten des ersten Stromnulldurchgangs die Abschaltung beendigt. Infolge der Lichtbogenhysteresis ist dies aber im allgemeinen nicht der Fall. Die Aufgabe der Schalterforschung besteht nun im wesentlichen darin, Mittel und Wege zu finden, um die Kühlung und Entionisierung der Restsäule zu beschleunigen. Die im Laufe der letzten 10 Jahre durchgeführten Untersuchungen haben etwa zu folgendem Ergebnis geführt: Die Restsäule ist im allgemeinen noch heiß und hoch ionisiert und hat daher bei normalem Druck nur geringe Dichte und entsprechend kleine Durchschlagsfestigkeit. Selbst wenn die Entionisierung genügend rasch vor sich geht, so kann doch unter Einwirkung der wiederkehrenden Spannung durch Stoßionisation verhältnismäßig leicht eine Neuzündung auftreten. Sinkt die Ionisierung hingegen nur relativ langsam ab, so fließt in der Restsäule unter Einwirkung der wiederkehrenden Spannung ein Strom, welcher dazu beiträgt, die Temperatur der Restsäule und damit durch thermische Ionisation ihre Leitfähigkeit wieder zu erhöhen; auch in diesem Fall wird eine Rückzündung zu befürchten sein. Sowohl die Abkühlung als auch die Entionisierung der Restsäule benötigen Zeit. Erfolgt der Anstieg der wiederkehrenden Spannung langsam (kleine Eigenfrequenz des Stromkreises), so wird eine Kühlung und Entionisierung verhältnismäßig leicht möglich sein. Bei schnellem Anstieg der wiederkehrenden Spannung müssen aber besondere Mittel angewandt werden, um überhaupt eine dauernde Lichtbogenlöschung erzielen zu können. Wir erkennen somit, daß bei jedem Stromnulldurchgang ein Wettrennen einsetzt zwischen der Abkühlung und Entionisierung einerseits und der durch die zunehmende wiederkehrende Spannung bewirkten Beanspruchung andererseits. Vom Ergebnis dieses Wettrennens hängt es ab, ob der Lichtbogen nach dem Stromnulldurchgang erloschen bleibt oder neu zündet.

Den Einfluß des Lichtbogendurchmessers d auf die Entionisierung und Kühlung von Lichtbögen in ruhendem Stickstoff bzw. Wasserstoff veranschaulichen die Abb. 80 und 81. Für eine mittlere stromlose Pause $\tau = 2 \cdot 10^{-4}$s er-

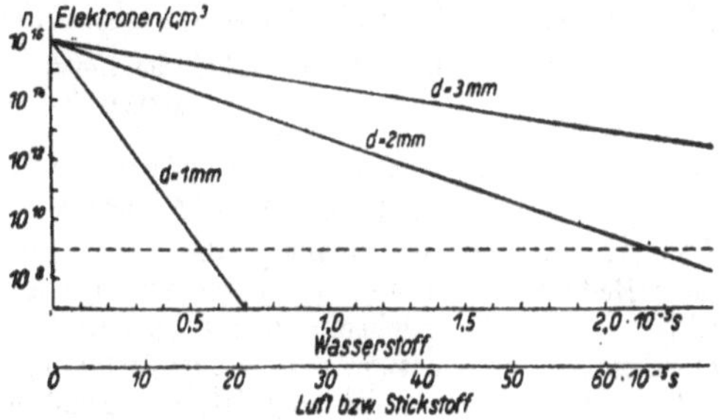

Abb. 80.

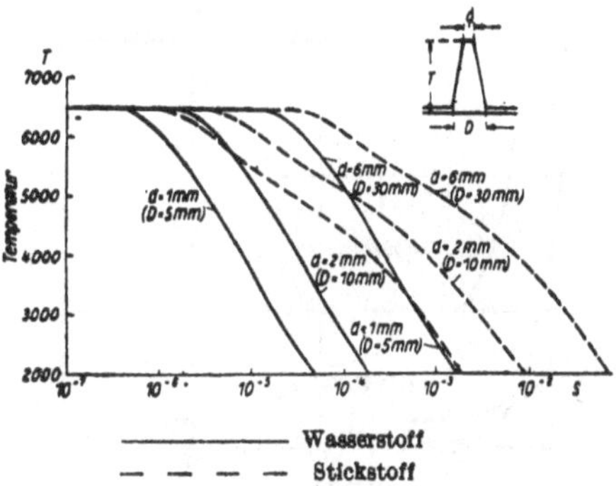

Abb. 81.

geben sich Zündgradienten in Abhängigkeit vom Lichtbogendurchmesser gemäß Abb. 82. Aus den 3 Abbildungen erkennt man den außerordentlichen Einfluß des Lichtbogendurchmessers auf die Kühlung und Entionisierung, ferner die günstigen Löscheigenschaften von Wasserstoff infolge seiner hohen Wärmeleitfähigkeit und großen Diffusionsgeschwindigkeit. Als entionisierender Effekt kommt fast ausschließlich die ambipolare Diffusion in Frage, d.h. die Elektronen diffundieren aus der Restsäule heraus und ziehen damit die Ionen mit sich; umgekehrt diffundiert kaltes Gas in die Restsäule hinein. Die Diffusionsgeschwindigkeit ist gegeben durch:

$$\frac{dn}{dt} = \frac{10}{\frac{\pi d^2}{4}} \cdot b^+ \cdot V_e \cdot n \qquad (23)$$

b^+ = Beweglichkeit der Ionen
V_e = Voltgeschwindigkeit der Elektronen
n = Elektronenzahl pro cm^3
d = Lichtbogendurchmesser.

Die Wiedervereinigung ist im allgemeinen nur von untergeordneter Bedeutung. In stark elektronegativen Gasen, wie CCl_4, CCl_2F_2, spielt der Klebeeffekt eine bedeutsame Rolle. Aus dem Gesagten geht hervor, daß es zur Verhinderung der Neuzündung des Bogens notwendig ist, im Schalter einen möglichst kleinen Lichtbogendurchmesser zu erzwingen. Dies geschieht nach den Ausführungen des ersten Kapitels über

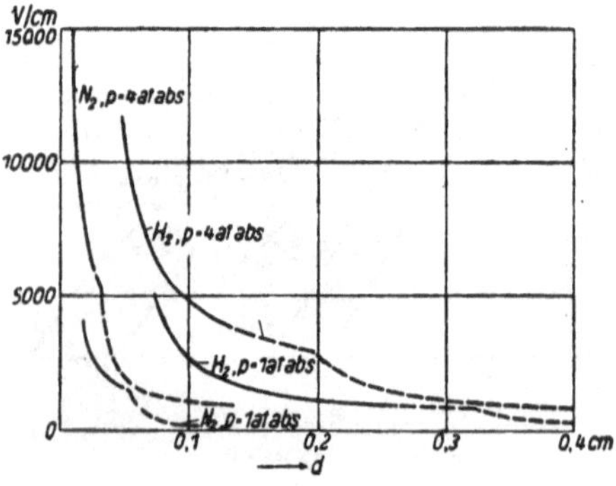

Abb. 82.

das Minimumprinzip am zweckmäßigsten dadurch, daß eine möglichst intensive Volumenkühlung herbeigeführt wird.

Neben der im allgemeinen vorherrschenden radialen kann auch eine axiale Kühlung und Entionisierung angewendet werden, indem man den Lichtbogen in ein System von parallelen, in geringem Abstand isoliert voneinander angeordneten Kupferplatten hineinbringt. Bei Beginn der stromlosen Pause entionisiert sich dann in außerordentlich kurzer Zeit das Kathodenfallgebiet, wodurch pro Teillichtbogen eine Zündspannung von 200 bis 300 V entsteht. Von diesem Prinzip wird bei Löschfunkenstrecken und beim Luft-Deion-Schalter Gebrauch gemacht.

Löschvorgang bei Schaltern mit stromunabhängiger Löschintensität, insbesondere bei Preßgasschaltern. Die gebräuchlichsten Formen der Preßgasschalter sind die Düsenschalter (vgl. Abb. 83). Daneben werden in neuerer Zeit wieder Anordnungen angewendet, bei denen der Lichtbogen durch Querbeblasung in eine Lichtbogenkammer hineingetrieben wird. In beiden Fällen entstehen zunächst eine oder mehrere Einschnürungen des Bogens, bei den Düsenschaltern vornehmlich unter der Einwirkung der Querwände; unter Umständen spielen auch Wirbelungsvorgänge eine Rolle. An diesen Einschnürungen setzt nun eine Kühlung und Entionisierung ein, welche bereits nach einer Zeit $\Delta\tau$ im wesentlichen abgeschlossen ist. Dadurch ist der früher zusammenhängende Lichtbogen in einen oder mehrere Teillichtbögen zertrennt. Die Lichtbogenstümpfe entfernen sich, da sie in dem Gas-

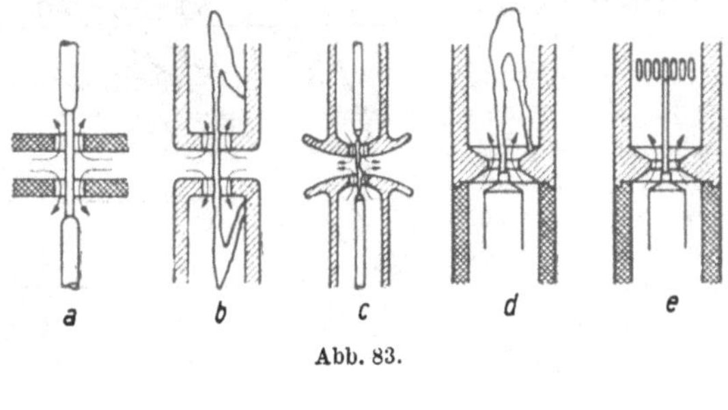

Abb. 83.

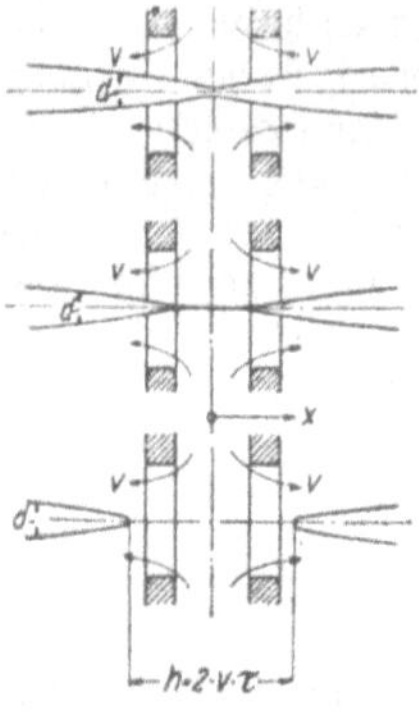

Abb. 84.

strom mitschwimmen, auseinander, wodurch eine mit der Zeit ansteigende Zündspannung U_z entsteht. Für den einfachen Fall eine Doppeldüse sind die Verhältnisse in Abb. 84 dargestellt. Die Zeit $\Delta\tau$ findet man gemäß nachstehender Gleichung:

$$\Delta\tau = 0{,}17 \cdot \frac{d_0}{2v_r}\left(\frac{\omega \hat{I} d_0}{2v_r}\right)^{1{,}7} \qquad (24)$$

Darin bedeutet d_0 den Durchmesser des abgeschnürten Lichtbogens zu Beginn der stromlosen Pause und v_r die Radialkomponente der Strömungsgeschwindigkeit, welche etwa 5 bis 10% der axialen Strömungsgeschwindigkeit beträgt. Aus (24) erkennt man, daß $\Delta\tau$ um so größer ist, je größer d_0 und $\hat{I}$ ist. Ist $\frac{1}{2f_e} > \Delta\tau$ (f_e = Eigenfrequenz), so kann ein Preßgasschalter praktisch keine Leistung unterbrechen, da die Zündspannung U_z während der Zeit $\Delta\tau$ annähernd gleich Null ist. Ist die dünne Restsäule zwischen den beiden Lichtbogenstümpfen genügend gekühlt und entionisiert, so kann von diesem Augenblick an das System aufgefaßt werden als eine Spitzenfunkenstrecke, deren Elektroden (Lichtbogenstümpfe) mit der Strömungsgeschwindigkeit, welche im allgemeinen der Schallgeschwindigkeit entspricht, auseinandergezogen werden. Die Zündspannung wird, wie Abb. 85 zeigt, nach Ablauf der Zeit Δt etwas langsamer als proportio-

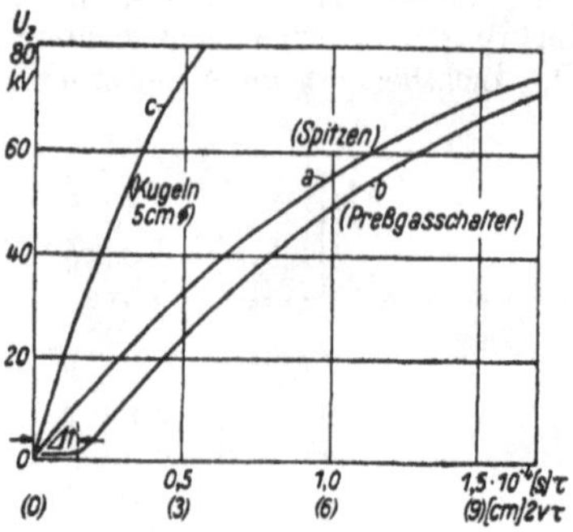

Abb. 85.

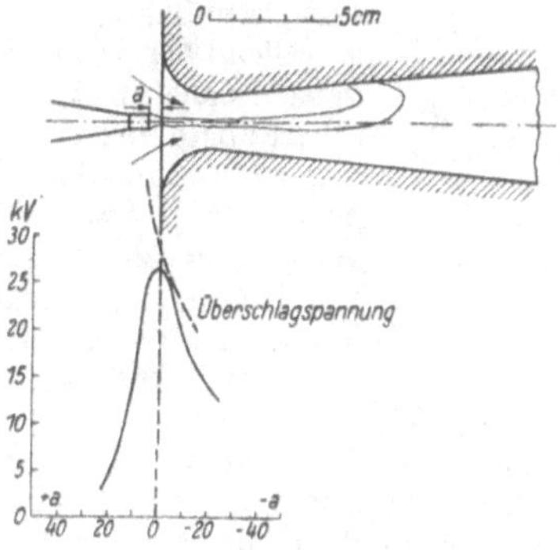

Abb. 86.

nal mit der Zeit ansteigen, woraus entnommen werden kann, daß die Preßgasschalter bei kleineren Eigenfrequenzen in der Lage sind, sehr hohe Spannungen bei relativ kleinen Öffnungswegen zu unterbrechen.

Aus dem großen Einfluß, den die Radialkomponente der Strömungsgeschwindigkeit hat, geht hervor, daß die günstigsten Löschbedingungen dann vorhanden sein werden, wenn der bewegliche Schaltstift in einer solchen Lage gegenüber der Düse steht, daß die Abschnürung möglichst vollkommen sich ausbilden kann. Den Zusammenhang zeigt für eine Ruppeldüse Abb. 86.

Durch Anordnen von Kondensatoren parallel zur Unterbrechungsstelle kann die Abschaltleistung vom Preßgasschalter infolge der Vergrößerung der stromlosen Pause gesteigert werden. Ein ähnlicher Effekt läßt sich auch mit Hilfe eines parallel liegenden Widerstandes erzielen, wenn $\frac{R}{L} < \frac{1}{\sqrt{LC}}$.

Löschvorgang bei Schaltern mit stromabhängiger Löschintensität, insbesondere bei Flüssigkeitsschaltern. Mit der Trennung zweier stromführender Kontakte in einer Flüssigkeit setzt eine plötzliche Verdampfung und Vergasung der benachbarten Flüssigkeitsteilchen ein. Es entsteht eine

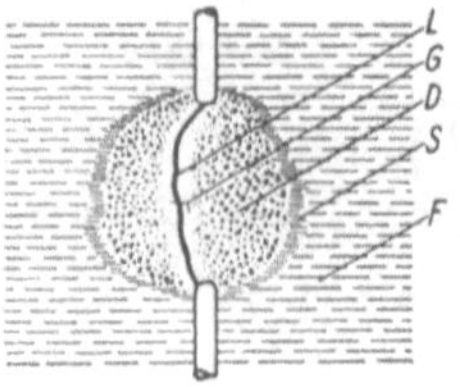

Abb. 87.

Gas-Dampfblase, in der man entsprechend der Temperaturverteilung verschiedene mehr oder weniger scharf abgegrenzte Zonen unterscheiden kann (vgl. Abb. 87). Der Lichtbogenkern $L (T = 10000 \ldots 15000^{0}$ K) wird im allgemeinen von einer verhältnismäßig schmalen Gashülle G umgeben sein, innerhalb derer die Temperatur auf etwa 500⁰ K abfällt. Es schließt sich eine Zone D von überhitztem, weiter außen von gesättigtem Dampf an. Ein Teil der vom Lichtbogen ausgehenden Energie erhitzt die innere Flüssigkeitsoberfläche in einer dünnen Schicht S auf die dem jeweiligen Druck entsprechende Siedetemperatur. Dahinter weist die Flüssigkeit F praktisch die Temperatur der Umgebung auf. Beim Abschalten kleinerer Ströme brennt somit der Lichtbogen im wesentlichen in einer Gasatmosphäre, welche, wie spektroskopische Aufnahmen zeigen, bei Öl und Wasser im wesentlichen aus Wasserstoff besteht. Die sich einstellenden Zündspannungen werden gemäß Abb. 82 um so größer sein, je kleiner der Strom und damit der zugehörige Lichtbogendurchmesser ist. Bei Anwendung auf einen Schalter ergibt sich, daß die Lichtbogenlänge mit zunehmendem Strom zuerst schnell und dann langsam ansteigt (vgl. Kurve a in Abb. 88).

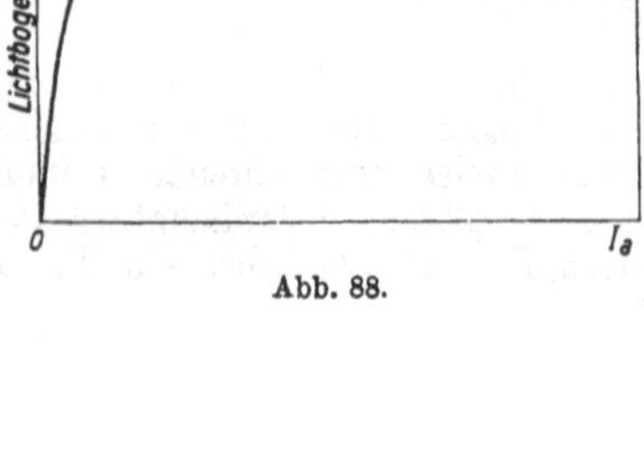

Abb. 88.

Man hat diese Art der Löschung bei kleinem Strom den Wasserstoff-Effekt genannt. Er tritt bei Ölschaltern kleinerer Spannung bis zu Stromstärken von etwa 2500 A, bei Expansionsschaltern bis zu etwa 300 A auf. Bei Hochspannungs-Ölschaltern von etwa 30 kV an, insbesondere bei Dreikesselschaltern, ist er praktisch allein verantwortlich für die Löschung über das ganze Leistungsgebiet.

Daneben spielt aber im Gebiet größerer Ströme und insbesondere bei den Expansionsschaltern der sog. Expansionseffekt eine überragende Rolle. Um die Zusammenhänge verstehen zu können, ist es notwendig, kurz die Wechselwirkungen zwischen dem Lichtbogen und der ihm benachbarten Flüssigkeitsoberfläche der Gasblase zu betrachten. Infolge der von einem Lichtbogen ausgehenden Energie tritt während der ersten Halbwellen eine Verdampfung auf. Das entstehende Gas-Dampfgemisch strömt etwa senkrecht von der Flüssigkeitsoberfläche weg und versucht, den Lichtbogen ebenfalls von der Flüssigkeitsoberfläche wegzutreiben. Dem wirkt aber im allgemeinen ein magnetisches Blasfeld entgegen, oder andere, durch die Konstruktion der betreffenden Schaltkammer bedingte Vorkehrungen. Es wird sich daher der Lichtbogen auf einen bestimmten Abstand einstellen und in dieser Stellung von dem Gas-Dampfgemisch umströmt werden. Im Stromnulldurchgang hört die Energiezufuhr auf, und es kommt, wie Versuche zeigen, auch die Dampferzeugung praktisch zum Stillstand. Sorgt man nun aber dafür, daß in diesem Augenblick entweder infolge plötzlicher Volumenvergrößerung der Dampfblase oder durch Einsetzen einer Ausströmung eine Expansion der den Lichtbogen umgebenden Gas-Dampfblase auftritt, so wird die überhitzte Flüssigkeitsschicht S (vgl. Abb. 87) plötzlich verdampfen, wobei, falls sich der Lichtbogen nahe an der Flüssigkeitsoberfläche befindet, Flüssigkeitsteilchen in das Innere der Restsäule hineingeschleudert und dort verdampft werden. Dadurch entsteht eine sehr intensive Volumenkühlung, was nach dem Minimumprinzip zu einer starken Verringerung des Lichtbogendurchmessers führt. Nun kann aber, da sich die Restsäule in einer Wasserstoffatmosphäre befindet, die Kühlung und Entionisierung in sehr kurzer Zeit ($10^{-5} \ldots 10^{-4}$ s) vor sich gehen.

Aus dem Gesagten erkennt man einerseits die außerordentliche Bedeutung, welche der Abstand zwischen Lichtbogen und Flüssigkeitsoberfläche hat, andererseits die Wichtigkeit einer Expansion während des Stromnulldurchgangs. Ist der Abstand klein und die Expansionswirkung groß, so werden schon in Zeiten, die kleiner als 10^{-4} s sind, die ersten Flüssigkeitspartikelchen in den Lichtbogen hineingeschleudert. Es ist daher verständlich, daß die Flüssigkeitsschalter in einem Bereich bis zu etwa 10000 Hz praktisch keine Eigenfrequenzabhängigkeit der Lichtbogendauer zeigen, da sich die volle Durchschlagsfestigkeit u_D einstellt (vgl. Abb. 89), bevor die wiederkehrende Spannung u_w ihren Höchstwert erreicht.

Beim klassischen Ölschalter kommt nun die Expansion während des Stromnulldurchgangs dadurch zustande, daß einerseits die Energieerzeugung und damit die Gasentwicklung aufhört, andererseits sich aber der sog. Ölkolben infolge des Trägheitsgesetzes weiterbewegt und dadurch eine Vergrößerung der Gasblase bedingt. Würde keine Nachverdampfung auftreten, dann müßte der Druck während des Stromnulldurchgangs absinken. Bei kleinen Abschaltleistungen hat man experimentell sogar das Entstehen eines Unterdruckes feststellen können; bei großen Leistungen tritt eine Nachverdampfung ein mit den vorhin geschilderten lichtbogenlöschenden Eigenschaften. Man sieht leicht ein, daß der Ex-

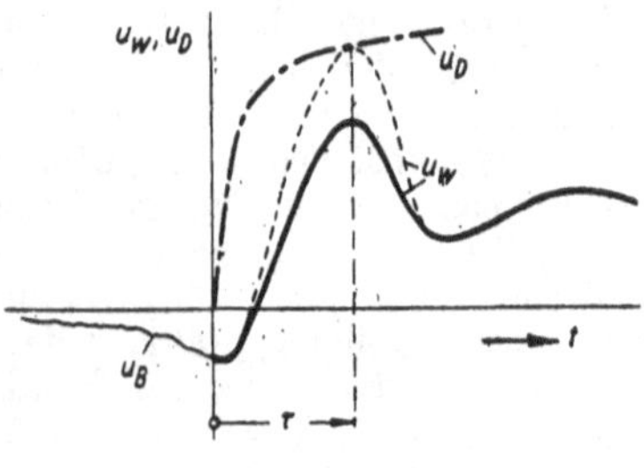

Abb. 89.

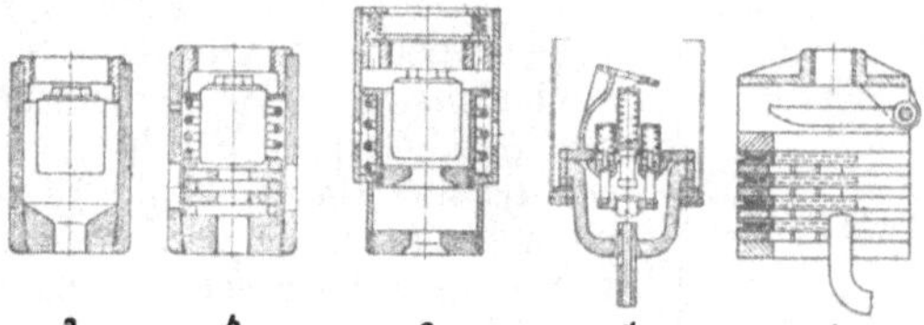

Abb. 90.

pansionseffekt mit zunehmendem Strom ebenfalls zunimmt (vgl. Kurve b in Abb. 88). Die Ausschaltcharakteristik (Kurve c in Abb. 88) ist somit als Superposition der Wasserstoff- und Expansionslöschung anzusehen.

In Abb. 90 sind 5 Bauarten von Schaltkammern angedeutet, mit deren Hilfe es möglich ist, die Lichtbogendauer bzw. Lichtbogenlänge gegenüber einem Ölschalter zu verringern. Es bedeutet a die normale Lösch- bzw. starre Expansionskammer, b die elastische Expansionskammer, c die Ölströmungskammer, d die Kammer mit Hilfslichtbogen und e das sog. Deion-Grid. Sämtliche Bauarten haben den Zweck, den Abstand zwischen Lichtbogen und Flüssigkeitsoberfläche zu verringern und den Expansionseffekt zu vergrößern.

Bei der starren Kammer (Abb. 90a) wird die Expansion in dem Augenblick auftreten, in dem der Schaltstift die Kammer verläßt. Die Lichtbogendauer wird somit gegeben sein durch:

$$t_a = \frac{s}{v(I)} \tag{25}$$

Darin bedeutet s die Löschdistanz, welche bei dieser Kammer gleich dem Abstand zwischen Unterkante Schaltstück und Unterkante der Kammeröffnung ist und v die mittlere Ausschaltgeschwindigkeit. Da mit steigendem Strom infolge des höheren Gasdruckes auch v im allgemeinen zunimmt, wird die Lichtbogendauer mit zunehmendem Strom etwas abnehmen.

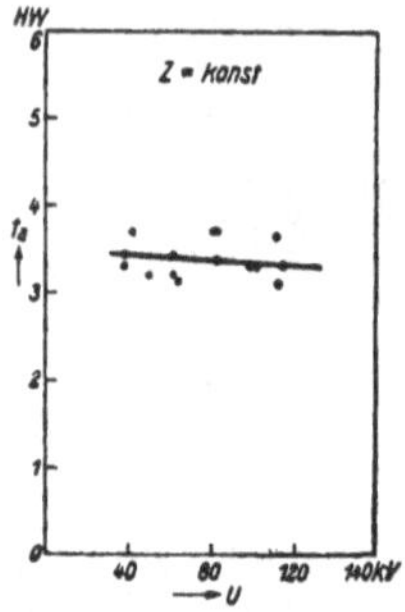

Abb. 91.

Es läßt sich nun ganz allgemein zeigen, daß für alle Schalter mit stromabhängiger Löschintensität (Ölschalter, ölarme Schalter, Expansionsschalter, Hartgasschalter) die Lichtbogendauer immer durch ein Gesetz von etwa nachstehender Form dargestellt werden kann:

$$t_a = f\left(\frac{K\hat{U}\sin\varphi}{c_h v E_B I}\right) \qquad (26)$$

Bei sehr hohen Eigenfrequenzen kann an Stelle des Höchstwertes der wiederkehrenden Spannung der maximale Anstieg $\nu \cdot \hat{U}$ treten. In (26) bedeutet φ die Kurzschlußphasenverschiebung zwischen Strom und wiederkehrender Spannung, c_h den Koeffizienten der Gaserzeugung, bezogen auf den heißen Zustand (vgl. (16)), v die mittlere Ausschaltgeschwindigkeit, E_B den mittleren Lichtbogengradienten und I den Ausschaltstrom. Die Funktion f hat bei linearer Zunahme der Lichtbogenspannung meist den Charakter eines linearen Gesetzes des angegebenen Arguments; bei quadratisch ansteigender Lichtbogenspannung hat f entweder den Charakter eines Wurzel- oder Logarithmusgesetzes. Aus (26) lesen wir folgende wichtigen Zusammenhänge ab: Bei Versuchen mit $\frac{U}{I} = Z =$ konst. muß die Lichtbogendauer konstant sein. Diese Voraussage ist sowohl für Öl- als auch für Expansionsschalter durch den Versuch bestätigt worden (Abb. 91). Bei $I =$ konst. nimmt die Lichtbogendauer zunächst schnell und dann langsam zu. Bei $U =$ konst. fällt die Lichtbogendauer mit zunehmendem Strom ab. Bei passender Maßstabswahl gehen die drei Kennlinien durch einen Punkt und haben z. B. für einen Expansionsschalter einen Verlauf, wie er in Abb. 92 angedeutet ist. Bei Kenntnis der drei Charakteristiken ist das Verhalten des Schalters unter allen Betriebsbedingungen ge-

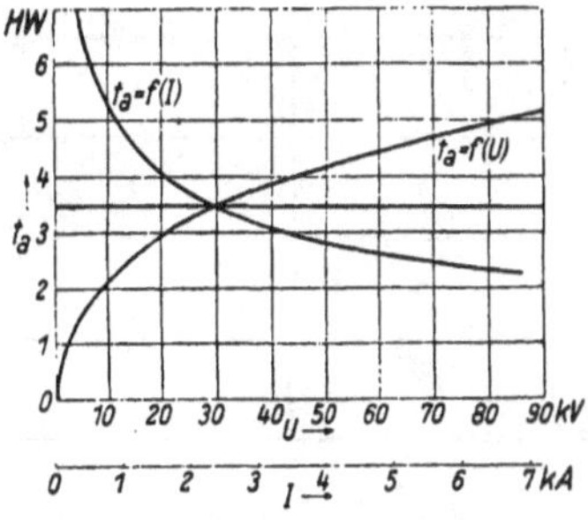

Abb. 92.

geben; sie bilden somit die Grundlage für eine Modelltheorie der Schalter mit stromabhängiger Löschintensität.

Umrechnungstafeln [1])

Dielektrizitätskonst. d. leeren Raumes	$\varepsilon_0 = 0{,}886 \cdot 10^{-13}$	F/cm
Permeabilität d. leeren Raumes	$\mu_0 = 1{,}256 \cdot 10^{-8}$	H/cm
Lichtgeschwindigkeit im leeren Raum	$c = 2{,}998 \cdot 10^{10}$	cm/s

1 Ws $=$ 1 Joule $=$ 0,239 cal. $= 10^7$ erg.
1 Ws/cm $=$ 1 Joule/cm $=$ 10,21 kg
1 PS $=$ 735 W $=$ 0,735 kW $=$ 75 mkg/s
1 F $= 9 \cdot 10^{11}$ cm (Elektrostat. Einh.)
1 H $= 10^9$ cm (Elektromag. Einh.)
1 Vs $= 10^8$ Maxwell
1 $\mathrm{Vs/cm^2} = 10^8$ Gauß
1 A/cm $=$ 1,25 Oersted

---

[1]) Die nachfolgenden Tafeln 1, 2 u. 4 sind dankenswerterweise von R. Blomeyer, 3 u. 3a von E. Wandeberg zusammengestellt worden.

Spezifische Wärme c

	$\frac{cal}{g,\ ^0C}$	$\frac{Ws}{g,\ ^0C}$	$\frac{Ws}{cm^3,\ ^0C}$
$1\ \frac{cal}{g,\ ^0C}$	1	4,184	$4{,}184 \cdot \gamma$
$1\ \frac{Ws}{g,\ ^0C}$	0,239	1	γ
$1\ \frac{Ws}{cm^3,\ ^0C}$	$\frac{0{,}239}{\gamma}$	$\frac{1}{\gamma}$	1

Wärmeleitfähigkeit λ

	$\frac{kcal}{h\ m,\ ^0C}$	$\frac{cal}{s\ cm,\ ^0C}$	$\frac{W}{cm,\ ^0C}$
$1\ \frac{kcal}{h\ m,\ ^0C}$	1	0,00278	0,01163
$1\ \frac{cal}{s\ cm,\ ^0C}$	360	1	4,184
$1\ \frac{W}{cm,\ ^0C}$	86,0	0,239	1

Wärmeübergangszahl α

	$\frac{kcal}{h\ m^2,\ ^0C}$	$\frac{cal}{s\ cm^2,\ ^0C}$	$\frac{W}{cm^2,\ ^0C}$	$\frac{kW}{m^2,\ ^0C}$
$1\ \frac{kcal}{h\ m^2,\ ^0C}$	1	$27{,}78 \cdot 10^{-6}$	$116{,}3 \cdot 10^{-6}$	$1163 \cdot 10^{-6}$
$1\ \frac{cal}{s\ cm^2,\ ^0C}$	36000	1	4,184	41,84
$1\ \frac{W}{cm^2,\ ^0C}$	8600	0,239	1	10
$1\ \frac{kW}{m^2,\ ^0C}$	860	0,0239	0,1	1

Die aufgeführten Formeln sind im allgemeinen Größengleichungen. Mit Rücksicht auf die Dimensionen der in den Tafeln enthaltenen Größen ist es jedoch zweckmäßig, Längen in cm, Zeit in s, Strom in A, Stromdichte in A/cm², Spannung in V, Widerstand in Ω, spezifischer Widerstand in Ωcm, Induktivität in H, Kapazität in F einzusetzen. Die Kräfte ergeben sich dann in Ws/cm = Joule/cm.

Tafel 1

Kapazitäts- und Induktivitätsbeläge von Freileitungen

U kV	Kapazitätsbeläge in F/km			Induktivitätsbeläge in H/km			Bemerkungen
	k_{11}	k_{12}	k_b	l_{11}	l_{12}	l_b	
	$\times 10^{-6}$	$\times 10^{-6}$	$\times 10^{-6}$	$\times 10^{-3}$	$\times 10^{-3}$	$\times 10^{-3}$	
6...10	0,0037	0,0026	0,0115	2,48	1,47	1,01	1 Erdseil
20	0,0037	0,0021	0,0099	2,42	1,31	1,11	,,
60	0,0038	0,0019	0,0096	2,35	1,17	1,18	,,
110	0,0040	0,0017	0,009	2,26	1,05	1,21	,,
220	0,0045	0,0015	0,009	2,23	0,95	1,28	,,
400	0,0055	0,0012	0,009	2,10	0,78	1,32	1-3 Erdseil

Tafel 2

Kapazitäts- und Induktivitätsbeläge von Kabeln

U kV	Kapazitätsbeläge in F/km			Betriebsinduktivität H/km	Bemerkungen	
	k_{11}	k_{12}	k_b	l_b	Isol.	Bauart
	$\times 10^{-6}$	$\times 10^{-6}$	$\times 10^{-6}$	$\times 10^{-3}$		
6[1]	0,19...0,33	0,05...0,09	0,34...0,60	0,35...0,27	Masse	sektorförm. Leiter
10[1]	0,17...0,31	0,04...0,07	0,29...0,52	0,37...0,28	,,	sektorförm. Leiter
20[1]	0,12...0,19	0,02...0,04	0,18...0,31	0,45...0,33	,,	runder Leiter
30[1]	0,19...0,39	0	0,19...0,39	0,53...0,38	,,	H-Kabel
60[2]	0,19...0,25	0	0,19...0,25	0,52...0,45	,,	H-Kabel
60[2]	0,29...0,39	0	0,29...0,39	0,64...0,60	Öl	Einl.-Kabel
110[2]	0,22...0,27	0	0,22...0,27	0,64...0,60	Öl	Einl.-Kabel

[1]) Der erste Wert gilt für 35, der zweite für 240 mm², dazwischen kann linea interpoliert werden.

[2]) Der erste Wert gilt für 95, der zweite für 240 mm², dazwischen kann linear interpoliert werden.

Tafel 3

Feste, flüssige und gasförmige Isolierstoffe

	VDE-Vorschr. u. Leits. Nr.	Roh-Wichte γ g/cm³	Durchschl.-festigkeit bei 50 Hz in kV/mm	Spez. Widerstd. ϱ Ω cm	Dielektr.-konstante ε_r bei 50 Hz	Verlust-faktor tg δ in ‰ bei 50 Hz	Wärmeleit-fähigkeit λ W/cm, °C	Spez. Wärme c Ws/cm³, °C
							$\times 10^{-3}$	
Asbest	0331	2,1...2,8					7,5	1,7...2,3
Bernstein		1,0...1,1	52...75	$>10^{16}$	2,7...2,8	0,5...1,2	1,28	
Beton		1,8...2,4					6	~2,25
Buna S u. SS		0,92...0,97	20...40	10^{11}	roh 2,8 vulk. 3,5...5			
Clophen		1,3...1,6	13...17	$10^{\ 3}$	5...5,2	2...1	1	
Glas		2,2...2,6	16...45	$10^{11}\ldots10^{17}$	3...12	<0,8	7,5...12	~2
Glimmer	0332	~2,5	50	$10^{\cdot 4}\ldots10^{17}$	7	0,6	4,6...5,8	~2,1
Hartgummi	0322	1,2...1,7	20...30	10^{12}	2,5...5	2,5...3,5	1,5	1,7...2,4
Holz (trocken)	0310	0,5...0,9	0,3...2 (impr. 4...6)		~2,5...3,6		2	1,5...2
Kabelisolieröl		0,945...0,950	30	$5 \cdot 10^{13}$	2,4	0,3	1,3	1,6...2,0
Kabeltränkmasse f. Starkstromk.		0,975	39	$6 \cdot 10^{13}$	2,68	3,0		
Kabeltränkmasse f. Schwachstromk		0,89	35	$8 \cdot 10^{15}$	2,07	0,1	2,5	2,2...2,3
Kabeltränkmasse (Dicköl)		0,924	32	$3 \cdot 10^{14}$	2,43	0,2	1,84	
Luft		0,00129	2,1		1,00059		0,2	$1,29 \cdot 10^{-3}$
Marmor	0330	2,7	2,5...5	$<10^{10}$	8,3	5[1])	6	2,4
Mikanit	0332	~1,9	26...31		~2,6	~10	1...4	
Öl für Ölkabel		0,885	23	$2 \cdot 10^{14}$	2,3	0,1	1,45	1,5...1,85
Öl für Transformatoren	0370	0,88...0,91	8...12	10^{1}[illegible]			1,7	1,65
Paraffin		0,9	15...30	$3\ 10^{18}$	2,1...2,2	0,08)	2,5	1,88
Plexiglas		1,18	40...45	$10^{\ 3}$			1,84	
Polystyrol		1,05...1,09	25...56	$>3 \cdot 10^{13}$	2,3	0,07[1])	1,6	
Porzellan	0335	2,3...2,5	30...35	$10^{\ 1}$	~6	17...25	2,5	~2,2
Quarzglas		2,21	20	10^{17}	3,5...4,2	<0,5	9	1,65
Rutil[2])		4,2...4,3			110			
Schiefer	0330	2,7	0,2...0,4	$<10^{8}$	6...10	8[1])	15	2,20
Steatit	0335	2,6...2,8	20...30	$\sim10^{12}$	5,5...6,5	2,5...3	~23	~2,2
Wasser		1		$10^{5}\ldots$ $1,25 \cdot 10^{8}$	~80		6	4,189

[1]) **Verlustfaktor tg** δ bei 800 Hz. — [2]) **Dielektrizitätskonstante von Rutil** $\perp$ **Achse** $\varepsilon_r = 89$; $\parallel$ **Achse** $\varepsilon_r = 173$; **Rutil kristallisiert** $\varepsilon_r = 110$.

Tafel 3a

Schichtstoffe

	VDE-Leitsätze Nr.	Roh-Wichte γ g/cm³	Durchschlagsfestigkeit in kV/mm bei 50 Hz				Spez. Widerstand ϱ Ω cm	Dielektr.-konstante ε_r bei 50 Hz und 20° C	Verlustfaktor tg δ in ‰ bei 20° C		Wärmeleitfähigkeit λ W/cm, °C
			20 °C		90 °C						
			∥ Schicht bei 25 mm	⊥ Schicht bei 3 mm	∥ Schicht bei 25 mm	⊥ Schicht bei 3 mm			50 Hz	800 Hz	$\times 10^{-3}$
Fiber	0312	1,1...1,45		3...5			$>10^{\,0}$			80	2,1...3,3
Hartpapierplatten (Klasse I). . .	0318	1,3...1,4	2...7	23...35	1...3	13...20	$10^{\,2}$	5...6	60	10...50	2,9
Hartgewebeplatten (Klasse F) . . .	0318	1,4	2...3	10...20	1...2	3...7	$10^{\,0}$	5...6		30...200	3,4
Hartpapierrohre .	0318	1,1...1,4	3...7	10...15	...5	6...11	$10^{\,2}$	5...6	6...50	6...50	
Hartpapierformstücke	0318	1,3...1,4	5...7		3...4		$10^{\,1}...10^{\,2}$	5...6			
Hartgeweberohre	0318		2...3	10...20	1...2	3...7	$10^{10}...10^{\,1}$	5...6		10...80	
Hartgewebeformstücke	0318	1,3...1,4	1...3		1...2		$10^{\,0}...10^{\,1}$	5...6			
Preßspan in Öl getränkt . . .	0315	1,45		30...60		7...36		3,9...4,3	10...20		7

Typisierte Preßstoffe (Formpreßstoffe) siehe VDE Nr. 0320!

Tafel

Physikalische Werte

		Wichte γ g/cm³	Spez. Wid. ϱ Ω cm	Temp. Koeff. $\bar{\alpha}$ 1/°C
a) Leiter			× 10⁻⁴	× 10⁻³
Aluminium		2,7	0,03	4
Blei		11,34	0,21	4,2
Eisen, rein		7,86	0,1...0,15[1]	6
Graphit		1,7...2,3	6...80	bis 500° —
Kohle				darüber +
Kupfer		8,93	0,0175	4
Magnesium		1,74	0,046	3,9
Nickel		8,85	0,09	5
Platin		21,4	0,11	3,8
Quecksilber		13,55	0,95	0,9
Silber		10,5	0,0165	4,1
Wolfram		19,2	0,055	4,2
Zink		7,14	0,061	4
Zinn		7,28	0,12	4,5
b) Legierungen				
Aldrey (Legal I)		2,7	0,030	3,6
Aluminium Spritzguß		2,65	0,038	
Duralumin		~2,8	~0,05	
Elektron		1,8	0,06...0,08	
Messing		8,5	~0,07	~2
Silumin		2,7	0,039	4
Zinkspritzguß ZL 3		6,7	0,07	
c) Widerstände				
Chromnickel	62 Ni 15 Cr 23 Fe	8,15	1,12	0,15
Isabellin	85 Cu 3 Al 12 Mn	7,97	0,5	—0,02
Konstantan	54 Cu 46 Ni	8,96	0,5	—0,01
Manganin	84 Cu 4 Ni 12 Mn	8,3	0,43	±0,01
Neusilber	60 Cu 17 Ni 23 Zn	8,6	0,3	0,35
Nickelin	67 Cu 31 Ni 2 Mn	8,9	0,4	0,106

[1]) Widerstand bei Wechselstrom siehe Seite 81.

4

leitender Werkstoffe

Wärmeleitf. λ W/cm, °C	Spez. Wärme c Ws/cm³, °C	Schmelztemper. ϑ_s °C	Schmelzwärme c_s Ws/cm³	Verd. temp. ϑ_v °C	Verd.wärme c_d Ws/cm³
2,1	2,4	659	960	2270	31600
0,35	1,46	327	270	1730	10400
~0,65	3,6.	1528	2140	2500	50000
0,007...1,45	~ 2	~3900	—	~4800	~115000
3,93	3,45	1083	1870	2330	41400
1,6	1,8	650	360	1110	9800
0,59	3,9	1452	2600	3000	54500
0,70	2,86	1770	2500	3800	58000
0,084	1,89	— 38,9	160	357	4100
4,18	2,44	960,5	1100	1950	22800
1,60	2,72	3380	4800	5000	94000
1,10	2,75	419	800	907	13000
0,64	1,6	232	430	2300	18500
~2		~650			
1,4	2,3	570			
1,6	2,55	~650			
1,15	~1,8	590...650			
1,1	~3,2	~900			
1,6		570			
1,1	2,8	385			
0,12	3,8	~1390			
	3,4	940			
0,22	3,65	1270			
0,22	3,4	900			
0,25	3,4	~1000			
	3,54	~1230			

Tafel 5

Wärmeübergangszahl α

Erwärmter Körper	α in W/cm², °C			
	Luft		Öl	Wasser
	ruhend	bewegt		
	$\times 10^{-4}$	$\times 10^{-4}$	$\times 10^{-4}$	$\times 10^{-4}$
Rundkupfer (d=2 cm)	10...15			
Flachkupfer (1×5 cm)	9...10			
Wicklung mit Baumwollisolation . . .	10...12	20...40	70...90	
Isolierter Spulenkopf .	10...12	3 m/s 35 10 m/s 70 50 m/s 200		
Lamellierter Eisenkörp.	10...12	3 m/s 30[1]) 10 m/s 70 20 m/s 110	70...90	
Kühlschlange	—	—	—	50...80
Rohrleiter, inn. gekühlt	—	3 m/s 40 10 m/s 80 50 m/s 250	0,1 m/s 300 0,4 m/s 500 1 m/s 700	0,1 m/s 1500 0,4 m/s 2500 1 m/s 3500
Schniewindtband . . (d=0,1...2 mm)		80...100	1000	—

Tafel 6

Verluste in Eisenblechen

Blechsorte	v_{10} in W/kg bei $d = 0{,}5$ mm Blechstärke	σ_H	σ_W
Normale Dynamobleche	3,6	4,8	19,2
Schwachlegierte Bleche	3,0	4,7	10,4
Mittelstark leg. Bleche	2,3	3,8	6,4
Hochlegierte Bleche	1,7	2,85	4,4

[1]) Luftströmung durch Kühlschlitze.

Tafel 7

Werte des Lichtbogengradienten E_B

Löschmittel	Art der Strömung	Lichtbogengradient E_B in V/cm
Luft	Lichtbogen durch schwache Strömung stabilisiert, $I \sim 5\,A$	10...20
Wasserstoff	Lichtbogen durch schwache Strömung stabilisiert, $I \sim 5\,A$	100...200
Luft u. Wasserstoff	scharfe axiale Strömung (Schallgeschwindigkeit)	200
Öl	ruhend	70...100
Öl	scharfe axiale Strömung	200
Wasser	ruhend	100
Wasser	scharfe axiale Strömung	200

Tafel 8

Bauerscher Koeffizient *c* für die Gasentwicklung

(bezogen auf 1 at abs. und 20 °C)

Löschmittel	c in cm^3/kWs
Öl	60
Wasser	5...10
Expansin C (40% Glykol, 60% Wasser)	25

Tafel 9

Blanke und isolierte Kupferdrähte

Kupferdraht blank			Windung pro 1 cm² bei isolierten Cu-Drähten (ohne Zwischenlagen)		
Durchmesser cm	Querschnitt cm²	Widerstand pro cm: Ohm	Lack	Seide	Lack + Seide
$\times 10^{-2}$	$\times 10^{-4}$	$\times 10^{-3}$			
0,5	0,196	89,3	23 500	12 300	8750
0,6	0,283	62,04	16 300	9 500	7100
0,7	0,385	45,56	12 300	7 800	6000
0,8	0,503	34,89	9 700	6 400	5050
0,9	0,636	27,57	7 800	5 400	4250
1,0	0,785	22,33	6 400	4 700	3630
1,1	0,950	18,46	5 300	4 000	3200
1,2	1,131	15,51	4 500	3 500	2850
1,3	1,327	13,22	3 900	3 100	2560
1,4	1,539	11,40	3 450	2 800	2330
1,5	1,767	9,93	3 050	2 520	2100
1,6	2,011	8,72	2 750	2 300	1900
1,7	2,270	7,73	2 470	2 090	1750
1,8	2,545	6,89	2 230	1 920	1600
1,9	2,83	6,20	2 040	1 760	1480
2,0	3,142	5,58	1 850	1 625	1370
2,2	3,801	4,61	1 560	1 400	1180
2,5	4,909	3,57	1 250	1 130	970
3,0	7,069	2,48	900	840	725
3,5	9,621	1,823	675	640	565
4,0	12,57	1,396	520	505	435
4,5	15,90	1,103	415	405	355
5,0	19,64	0,893	337	332	292
5,5	23,76	0,738	278	278	245
6,0	28,27	0,620	234	236	207
6,5	33,18	0,529	200	203	179
7,0	38,48	0,456	172	177	156
7,5	44,18	0,397	152	155	138
8,0	50,27	0,349	134	137	122
8,5	56,75	0,309	119	122	109
9,0	63,62	0,276	106	109	98
9,5	70,88	0,248	95	98	88
10,0	78,54	0,223	86	89	80

Schrifttum

Bücher:

R. Becker, Theorie der Elektrizität, Bd. I: Einführung in die Maxwellsche Theorie der Elektrizität. 10. Auflage des „Abraham Föppl". B. G. Teubner 1933.

R. Holm, Die technische Physik der elektrischen Kontakte. J. Springer 1941.

K. Küpfmüller, Einführung in die theoretische Elektrotechnik. 3. Auflage. J. Springer 1941.

G. Mie, Lehrbuch der Elektrizität und des Magnetismus. F. Enke, Stuttgart, 1941.

A. Roth, Hochspannungstechnik. J. Springer 1938.

Riemann-Weber, Die partiellen Differentialgleichungen der mathematischen Physik, Bd. II. F. Vieweg u. Sohn, 1919.

H. Gröber und S. Erk, Die Grundgesetze der Wärmeübertragung. J. Springer 1933.

Aufsätze, die speziell für die Ausarbeitung benutzt wurden:

M. Steenbeck, Ähnlichkeitsgesetze für Gasentladungen und ihr Gültigkeitsbereich. Wissenschaftl. Veröffentlichungen aus den Siemens-Werken, Bd. XI, Heft 2 (1932), S. 36.

B. Kirschstein und F. Koppelmann, Fotografische Aufnahmen elektrischer Lichtbögen großer Stromstärke. Wissenschaftl. Veröffentlichungen aus den Siemens-Werken, Bd. XIII, Heft 3, S. 52 (1934).

F. Kesselring, Untersuchungen an elektrischen Lichtbögen. ETZ. Bd. 55, S. 92 (1934).

F. Kesselring und F. Koppelmann, Das Schaltproblem der Hochspannungstechnik. Teil I: Das Schaltproblem unter Ausschluß der Vorgänge im Lichtbogen. Archiv für Elektrotechnik, Bd. XXIX, S. 1 (1935). Teil II: Die physikalischen Vorgänge im Lichtbogen während der Löschung. S. 11. Teil III: Schalter mit unabhängiger Löschmittelerzeugung, insbes. Preßgasschalter. Bd. XXX, S. 71 (1936).

B. Kirschstein u. F. Koppelmann, Der elektrische Lichtbogen in schnell strömendem Gas. Wissenschaftl. Veröffentlichungen aus den Siemens-Werken, Bd. XVI, Heft 1 (1937), S. 51.

F. Kesselring, Das Schaltproblem der Hochspannungstechnik. Teil IV: Schalter mit stromabhängiger Löschmittelerzeugung, insbes. Flüssigkeitsschalter. Archiv für Elektrotechnik, Bd. XXXIV, S. 155 (1941).

In den aufgeführten Aufsätzen sind alle wesentlichen Schrifttumsstellen als Anmerkungen aufgeführt.

Sachverzeichnis

SAMMLUNG GÖSCHEN

Lieferbare und neue Bände

Jeder Band DM 2.40

A. Geisteswissenschaften

Nr. 19 **Altheim, F., Römische Geschichte.** I. Teil: Bis zur Schlacht bei Pydna. 1948. 123 S.

Nr. 30 **Kleffner, W., Kartenkunde.** 3. Aufl. 1950. 152 S.

Nr. 42 **Behn, F., Vorgeschichte Europas.** 7. Aufl. Mit 47 Abb. 1949. 125 S.

Nr. 59 **Krahe, H., Indogermanische Sprachwissenschaft.** 2. Aufl. 1948. 134 S.

Nr. 66 **Berneker, E., u. M. Vasmer, Russische Grammatik.** 6., unveränderte Aufl. 1947. 155 S.

Nr. 70 **Nestle, W., Geschichte der griechischen Literatur.** I. Von den Anfängen bis auf Alexander d. Gr. 2., verb. Aufl. Neudruck. 1950. 144 S.

Nr. 101 **Wiese, L. v., Soziologie.** Geschichte und Hauptprobleme. 4. Aufl. 1950. 148 S.

Nr. 125 **Vossler, K., Italienische Literaturgeschichte.** Unveränderter Nachdruck der 1927 erschienenen 4., durchges. und verbesserten Aufl. 1948. 148 S.

Nr. 200 **Gottschald, M., Rechtschreibungswörterbuch.** In Vorbereitung.

Nr. 238 **Krahe, H., Germanische Sprachwissenschaft. Bd. I.** 2. Aufl. 1948. 127 S.

Nr. 270 **Kirn, P., Einführung in die Geschichtswissenschaft.** 1947. 132 S.

Nr. 279 **Jacob, K., Quellenkunde der deutschen Geschichte im Mittelalter (bis zur Mitte des 15. Jahrh.).** I: Einleitung. Allgemeiner Teil. Die Zeit der Karolinger. 5. Aufl. 1949. 118 S.

Nr. 280 ——, II: Die Kaiserzeit (918—1250). 4. Aufl. 1949. 127 S.

Nr. 500 **Simmel, G., Hauptprobleme der Philosophie.** 7., unveränderte Aufl. 1950. In Vorbereitung.

Nr. 557 **Nestle, W., Geschichte der griechischen Literatur.** II. Von Alexander d. Gr. bis zum Ausgang der Antike. 2. verbesserte Aufl. 1945. 128 S.

Nr. 564 **Behn, F., Kultur der Urzeit.** Bd. I. Steinzeit. 3. Aufl. In Vorbereitung.

Nr. 565 — —, Bd. II. Bronzezeit. 4. Aufl. In Vorbereitung.

Nr. 566 — —, Bd. III. Eisenzeit. 4. Aufl. In Vorbereitung.

Nr. 573 **Helbok, A., Die Ortsnamen im Deutschen.** Durchgesehener Neudruck. Mit 6 Karten. 1944. 126 S.

Nr. 677 **Altheim, F., Römische Geschichte.** II. Teil: Bis zur Begründung des Prinzipats. 1948. 141 S.

Nr. 770 **Beckh, H., Buddhismus** (Buddha und seine Lehre). II. Die Lehre. 3. Aufl. 1928. 135 S.

Nr. 780 **Krahe, H., Germanische Sprachwissenschaft.** Bd. II. 2. Aufl. 1948. 140 S.

Nr. 781 **Weigert, H., Stilkunde.** II. Spätmittelalter. Neuzeit. Neudruck. Mit 84 Abb. 1944. 141 S.

Nr. 807 **Kropp, G., Erkenntnistheorie.** I. Allgemeine Grundlegung. 1950. 143 S.

Nr. 929 **Schirmer, A., Deutsche Wortkunde.** 3. Aufl. 1949. 109 S.

Nr. 1000 **Jaspers, K., Die geistige Situation der Zeit** (1931). Zweiter unveränderter Abdruck der im Sommer 1932 bearbeiteten 5. Aufl. 1949. 232 S.

Nr. 1008 **Mellerowicz, K., Allgemeine Betriebswirtschaftslehre.** 1. Bd. 6., unveränderte Aufl. 1948. 134 S.

Nr. 1031 **Apel, M., Philosophisches Wörterbuch.** 3. Aufl. In Vorbereitung.

Nr. 1034 **Kranefeldt, W. M., Therapeutische Psychologie.** Analytische Psychologie (Freud, Adler, Jung). 2. Aufl. 1950. In Vorbereitung.

Nr. 1045 **Schubert, H., Die Technik des Klavierspiels.** 2. Aufl. 1946. 132 S.

Nr. 1065 **Haller, J., Von den Karolingern zu den Staufern.** Die altdeutsche Kaiserzeit (900—1250). Mit 4 Karten. 3. Aufl. 1944. 141 S.

Nr. 1085 **Lietzmann, H., Zeitrechnung der römischen Kaiserzeit, des Mittelalters und der Neuzeit für die Jahre 1—2000 n. Chr.** Neudruck. 1946. 127 S.

Nr. 1086 **Müller, G., Deutsches Dichten und Denken vom Mittelalter zur Neuzeit** (1270—1700). 2. Aufl. 1949. 159 S.

Nr. 1094 **Hernried, R., Systematische Modulation. 2. Aufl.** In Vorbereitung.

Nr. 1096 **Viëtor, K., Deutsches Dichten und Denken. Von der Aufklärung bis zum Realismus** (1700—1890). 2. Aufl. 1949. 156 S.

Nr. 1115 **Ranke, F., Altnordisches Elementarbuch.** Neudruck. 1949. 146 S.

Nr. 1116 **Meißner, P., Englische Literaturgeschichte. II.** Von der Renaissance bis zur Aufklärung. Durchgesehener Neudruck. 1944. 139 S.

Nr. 1117 **Haller, J., Der Eintritt der Germanen in die Geschichte.** Mit sechs Kartenskizzen. 2., verbess. Aufl. 1944. 119 S.

Nr. 1122 **Feist, H., Sprechen und Sprachpflege.** Mit 25 Abb. 1938. 107 S.

Nr. 1124 **Meißner, P., Englische Literaturgeschichte. III.** Romantik und Victorianismus. Durchgesehener Neudruck. 1944. 150 S.

Nr. 1125 **Lehnert, M., Altenglisches Elementarbuch.** 2., verbesserte und vermehrte Aufl. 1950. 176 S.

Nr. 1130 **Dibelius, M., Jesus.** 2. Aufl. Neudruck. 1949. 141 S.

Nr. 1135 **Lehnert, M., Beowulf.** 2., verbesserte Aufl. 1949. 135 S.

Nr. 1136 **Meißner, P., Englische Literaturgeschichte. IV.** Das 20. Jahrhundert. Durchgesehener Neudruck. 1944. 157 S.

Nr. 1148 **Pepping, E., Der Polyphone Satz. I. Der cantus-firmus Satz.** 2. Aufl. 1950. 224 S.

Nr. 1149 **Wiesner, J., Vor- und Frühzeit der Mittelmeerländer.** I. Das östliche Mittelmeer. Mit einer Textabb. und 7 Tafeln. 1943. 177 S.

Nr. 1150 ——, II. Das westliche Mittelmeer. Mit 3 Textabb. und 7 Tafeln. 1943. 129 S.

Nr. 1153 **Mellerowicz, K., Allgemeine Betriebswirtschaftslehre.** 2. Bd. 6. unveränderte Aufl. 1948. 123 S.

Nr. 1154 ——, 3. Bd. 6. unveränderte Aufl. 1948. 153 S.

B. Naturwissenschaften und Technik

Nr. 3 **Ende, E. vom, Die Maschinenelemente.** 2., verbesserte Aufl. Mit 175 Fig. und 12 Tafeln. 1950. In Vorbereitung.

Nr. 29 **Brauns, R., u. K. F. Chudoba, Mineralogie.** 8., neubearbeitete Aufl. Mit 125 Textfiguren und 9 Abb. auf einer Tafel. 1943. 143 S.

Nr. 37 **Klemm, W., Anorganische Chemie.** 6. Aufl. Mit 18 Abb. 1944. 184 S.

Nr. 38 **Schlenk, W., Organische Chemie.** 5. Aufl. Mit 17 Fig. 1949. 239 S.

Nr. 47 **Fischer, P. B., Arithmetik.** 2. Aufl. 1948. 152 S.

Nr. 51 **Ringleb, F., Mathematische Formelsammlung.** 5., verbesserte Aufl. Mit 57 Fig. 1949. 274 S.

Nr. 71 **Schulze, W., Allgemeine und physikalische Chemie.** I. Teil. 3., durchgesehene Aufl. Mit 22 Fig. 1949. 146 S.

Nr. 87 **Witting, A., Differentialrechnung.** 3., neubearb. Aufl. Mit 95 Fig. und 200 Beispielen. Durchgesehener Neudruck. 1949. 201 S.

Nr. 88 —, **Integralrechnung.** 2., verbesserte Aufl. Durchgesehener Neudruck. Mit 62 Fig. und 190 Beispielen. 1949. 176 S.

Nr. 136 **Mahler, G., Physikalische Formelsammlung.** 8., verbess. Aufl. 1950. 153 S. In Vorbereitung.

Nr. 142 **Haussner, R., Darstellende Geometrie.** 1. Teil: Elemente, Ebenflächige Gebilde. 6., unveränderte Aufl. Mit 110 Fig. im Text. 1947. 207 S.

Nr. 143 — —, 2. Teil: Perspektive ebener Gebilde, Kegelschnitte. 5,. unveränderte Aufl. Mit 88 Fig. im Text. 1947. 168 S.

Nr. 146 **Witting, A., Repetitorium und Aufgabensammlung zur Differentialrechnung.** 2. Aufl. Neudruck. 1949. 122 S.

Nr. 147 —, **Repetitorium und Aufgabensammlung zur Integralrechnung.** 2. Aufl. Neudruck. 1949. 121 S.

Nr. 173 **Bruhns, W., u. P. Ramdohr, Petrographie.** 3., durchgesehene Aufl. Mit 10 Figuren. 1949. 117 S.

Nr. 180 **Böhm, F., Versicherungsmathematik.** I. Elemente der Versicherungsrechnung. 2., vermehrte und verbesserte Aufl. Durchgesehener Neudruck. 1946. 151 S.

Nr. 210 **Bruhns, W., u. P. Ramdohr, Kristallographie.** 4. Aufl. In Vorbereitung.

Nr. 221 **Jander, G., u. K. F. Jahr, Maßanalyse.** Theorie und Praxis der klassischen und der elektrochemischen Titrierverfahren. Bd. I. 5. Aufl. Mit 18 Fig. 1948. 140 S.

Nr. 222 **Hassak-Beutel, Warenkunde.** 7. Aufl. Neubearb. von A. Kutzelnigg. Bd. I: Anorganische Waren sowie Kohle und Erdöl. Mit 19 Fig. 1947. 116 S.

Nr. 223 ——, Bd. II: Organische Waren. Mit 32 Fig. 1949. 143 S.

Nr. 247 **Hoppe, J., Analytische Chemie I.** Reaktionen. 5., verb. Aufl. 1950. 135 S.

Nr. 248 ——, **II.** Gang der qualitativen Analyse. 5., verbess. Aufl. 1950. 168 S.

Nr. 252 **Daßler, A., Elektrochemie I.** Mit 21 Abb. 1950. In Vorbereitung.

Nr. 253 ——, **II.** Mit 17 Abb. 1950. In Vorbereitung.

Nr. 256 **Haussner, R., Sammlung von Aufgaben und Beispielen zur analytischen Geometrie der Ebene.** Mit 22 Fig. Neudruck. 1949. 139 S.

Nr. 257 **Humburg, K., Die Gleichstrommaschine I.** Durchgesehener Neudruck. Mit 59 Abb. 1949. 102 S.

Nr. 342 **Körting, J., u. W. Körting, Heizung und Lüftung. I.** Das Wesen u. die Berechnung der Heizungs- u. Lüftungsanlagen. 8., verbess. Aufl. Mit 29 Abb. u. 14 Zahlentafeln. 1950. In Vorbereitung.

Nr. 343 ——, **II.** Die Ausführung der Heizungs- u. Lüftungsanlagen. 7. neubearb. Aufl. Mit 141 Abb. u. 8 Zahlentafeln. 1944. 126 S.

Nr. 354 **Valentiner, S., Vektoranalysis.** 7., wesentl. veränderte Aufl. Mit 19 Fig. 1950. In Vorbereitung.

Nr. 389 **Diels, L., Pflanzengeographie.** 4., verb. Aufl. Mit 1 Karte. 1945. 167 S.

Nr. 405 **Werkmeister, P., Praktisches Zahlenrechnen.** 4. Aufl. Mit 60 Fig. 1950. 136 S. In Vorbereitung.

Nr. 423 **Adler, A., Fünfstellige Logarithmen.** Mit mehreren graphischen Rechentafeln und häufig vorkommenden Zahlwerten. 2. Aufl. Neudruck. 1 Tafel. 1949. 127 S.

Nr. 432 **Borchers, H., Metallkunde.** I. Aufbau der Metalle und Legierungen. Mit 2 Tab. und 90 Abb. 2. Aufl. 1950. 110 S.

Nr. 445 **Asmus, E., Physikalisch-Chemische Rechenaufgaben.** 2. Aufl. 1949. 96 S.

Nr. 468 **Werkmeister, P., Vermessungskunde. I. Stückmessung u.** Nivellieren. 9. Aufl. Mit 145 Figuren. 1949. 172 S.

Nr. 469 ——, II. Messung von Horizontalwinkeln. Festlegung von Punkten im Koordinatensystem. Absteckungen. 7. Aufl. Mit 63 Fig. 1949. 151 S.

Nr. 483 **Henglein, M., Lötrohrprobierkunde.** Mineraldiagnose mit Lötrohr und Tüpfelreaktion. 3., verb. Aufl. Mit 11 Fig. 1949. 91 S.

Nr. 585 **Dehnert, H., Verkehrswasserbau I:** Entwurfsgrundlagen. Flußregelungen. Mit 52 Textabb. 1950. 102 S.

Nr. 589 **Tochtermann, W., Das Maschinenzeichnen** mit **Einführung in das Konstruieren.** I: Das Maschinenzeichnen. 4. Aufl. Mit 77 Tafeln. 1950. 156 S. In Vorbereitung.

Nr. 590 ——, II: Ausgeführte Konstruktionsbeispiele. 4. Aufl. Mit 58 Tafeln. 1950. 130 S. In Vorbereitung.

Nr. 597 **Dehnert, H., Verkehrswasserbau II:** Flußkanalisierungen u. Schiffahrtskanäle. Mit 60 Textabb. 1950. 92 S.

Nr. 668 **Knopp, K., Funktionentheorie** I: Grundlagen der allgemeinen Theorie der analytischen Funktionen. Mit 8 Fig. 7. Aufl. 1949. 139 S.

Nr. 691 **Fauser, O., Kulturtechnische Bodenverbesserungen.** I.: Allgemeines, Entwässerung. 4., neubearbeitete Aufl. 1947. 122 S.

Nr. 692 ——, II.: Bewässerung, Ödlandkultur, Umlegung. 4., neubearb. Aufl. 1948. 150 S.

Nr. 698 **Schulze, W., Allgemeine und physikalische Chemie.** II. Teil. 3., durchges. Aufl. Mit 36 Fig. 1949. 160 S.

Nr. 703 **Knopp, K., Funktionentheorie II.** Anwendungen und Weiterführung der allgemeinen Theorie. Mit 7 Fig. 7. Aufl. 1949. 130 S.

Nr. 711 **Kesselring, F., Theoretische Grundlagen zur Berechnung der Schaltgeräte.** 3. Aufl. Mit 92 Abb. 1950. 143 S. In Vorbereitung.

Nr. 718 **Neger, W. u. E. Münch, Die Laubhölzer.** 3., durchges. Aufl., herausgegeben von B. Huber. Mit 63 Fig. u. 7 Tab. 1950. 142 S. In Vorbereitung.

Nr. 768 **Bieberbach, L., Einführung in die konforme Abbildung.** 4. Aufl. Mit 42 Zeichnungen. 1949. 147 S.

Nr. 837 **Baumgartner, L., Gruppentheorie.** 2. Aufl. Mit 6 Fig. 1949. 115 S.

Nr. 862 **Werkmeister, P., Vermessungskunde.** III. Trigonometrische und barometrische Höhenmessung. Tachymetrie und Topographie. 6. Aufl. Mit 64 Fig. 1949. 147 S.

Nr. 877 **Knopp, K., Aufgabensammlung zur Funktionentheorie.** I. Aufgaben zur elementaren Funktionentheorie. 4. Aufl. 1949. 135 S.

Nr. 878 — —, II. Aufgaben zur höheren Funktionentheorie. 4. Aufl. 1949. 151 S.

Nr. 881 **Humburg, K., Die Gleichstrommaschine II.** Mit 38 Abb. Durchgesehener Neudruck. 1949. 98 S.

Nr. 931 **Hasse, H., Höhere Algebra I.** Lineare Gleichungen. 3. Aufl. 1950. 160 S. In Vorbereitung.

Nr. 932 — —, II. Gleichungen höheren Grades. 3. Aufl. Mit 5 Fig. 1950. 158 S. In Vorbereitung.

Nr. 952 **Schäfer, W., Transformatoren.** 2. Aufl. Mit 74 Abb. 1949. 128 S.

Nr. 972 **Herter, K., Vergleichende Physiologie der Tiere I:** Stoff- und Energiewechsel. 3. Aufl. Mit 64 Abb. 1950. 155 S.

Nr. 973 — —, II.: Bewegung und Reizerscheinungen. 3. Aufl. Mit 110 Abb. 1950. 148 S.

Nr. 984 **Graf, O., Die wichtigsten Baustoffe des Hoch- u. Tiefbaues.** 3., verb. Aufl. Mit 58 Abb. 1947. 126 S.

Nr. 999 **Kamke, E., Mengenlehre.** 2., durchges. Aufl. Mit 6 Fig. 1947. 160 S.

Nr. 1002 **Jander, G., u d K. F. Jahr, Maßanalyse:** Theorie und Praxis der klassischen und der elektrochemischen Titrierverfahren. Band 2. 5. Aufl. Mit 24 Fig. 1948. 139 S.

Nr. 1057 **Roth, W. A., Thermochemie.** 2., verbess. Aufl. 1947. 109 S.

Nr. 1070 **Sauter, F., Differentialgleichungen der Physik.** 2. Aufl. Mit 16 Fig. 1950. 148 S.

Nr. 1082 **Hasse, H., Aufgabensammlung zur höheren Algebra.** 2. Aufl. 1950. In Vorbereitung.

Nr. 1084 **Nußelt, W., Technische Thermodynamik.** I.: Grundlagen. 3., verbess. Aufl. Mit 71 Abb. 1950. 144 S. In Vorbereitung.

Nr. 1092 **Wickop, W., Fenster, Türen, Tore aus Holz und Eisen.** 3., überarbeitete und ergänzte Aufl. Mit 96 Abb. 1949. 154 S.

Nr. 1109 **Knopp, K., Elemente der Funktionentheorie.** 3. Aufl. Mit 23 Fig. 1949. 144 S.

Nr. 1110 **Schulz, G., Formelsammlung zur praktischen Mathematik.** Durchgesehener Neudruck. Mit 10 Abb. 1945. 147 S.

Nr. 1127 **Hartmann, M., Geschlecht und Geschlechtsbestimmung im Tier- und Pflanzenreich.** 2. Aufl. Mit 62 Abb. 1950. In Vorbereitung.

Nr. 1128 **Buchner, P., Symbiose der Tiere mit pflanzlichen Mikroorganismen.** 2., verb. u. vermehrte Aufl. Mit 121 Abb. 1949. 130 S.

Nr. 1131 **Scholz, A., Einführung in die Zahlentheorie.** Neudruck. 1945. 136 S.

Nr. 1132 **Frühauf, G., Überspannungen und Überspannungsschutz.** Neudruck. Mit 98 Abb. 1950. 122 S.

Nr. 1134 **Kuckuck, H., Pflanzenzüchtung.** 2., durchges. Aufl. Mit 12 Abb. 1944. 125 S.

Nr. 1137 **Heil, H., Entwicklungsgeschichte des Pflanzenreiches.** 2. Aufl. Mit 94 Abb. 1950. In Vorbereitung.

Nr. 1138 **Hämmerling, J., Fortpflanzung im Tier- und Pflanzenreich.** 2., ergänzte Aufl. Mit 101 Abb. 1950. 135 S. In Vorbereitung.

Nr. 1141 **Koller, G., Hormone.** 2. Aufl. Mit 60 Abb. u. 19 Tab. 1949. 187 S.

Nr. 1146 **Humburg, K., Die synchrone Maschine.** Mit 79 Bildern. 1949. 109 S.

Nr. 1151 **Nußelt, W., Technische Thermodynamik. II.:** Theorie der Wärmekraftmaschinen. Neudruck. Mit 87 Abb. u. 32 Zahlentafeln. 1950. 144 S. In Vorbereitung.

Nr. 1152 **Dehnert, H., Verkehrswasserbau III:** Schleusen und Hebewerke. Mit 70 Textabb. 1950. 98 S.

Nr. 1155 **Schwartz, W., Grundriß der allgemeinen Mikrobiologie.** Band I. Mit 17 Abb. 1949. 104 S.

Nr. 1156 **Meinke, H.-H., Die komplexe Berechnung von Wechselstromschaltungen.** Mit 114 Abb. 1949. 160 S.

Nr. 1157 **Schwartz, W., Grundriß der allgemeinen Mikrobiologie.** Band II. Mit 12 Abb. 1949. 93 S.

Walter de Gruyter & Co., Berlin W 35

(386) MDV, Druckerei Luckenwalde 121. 120 000. 3. 50.

Papier | Fördert gute Waldnutzung
FSC® C083411

Zeitfracht Medien GmbH
Ferdinand-Jühlke-Straße 7
99095 Erfurt, Deutschland
produktsicherheit@kolibri360.de